"特色经济林丰产栽培技术"丛书

扁 桃

刘 鑫 ◎ 主编

中国林业出版社

内容提要

　　扁桃在我国栽培历史悠久，是良好的经济林树种。目前，我国扁桃的发展仍处于起步阶段，种植分布零散，栽培技术落后，产品质量低，科技成果转化不及时，严重影响了扁桃产业的可持续发展。本书系统地介绍了扁桃的价值、适生区、栽培现状、生物学特性、品种、栽培技术、整形修剪、病虫害防治、采收加工等一整套生产管理技术，以实用技术为主，结合扁桃栽培管理周年历，为指导生产提供参考。

图书在版编目（CIP）数据

扁桃 / 刘鑫主编. —北京：中国林业出版社，2020.6
（特色经济林丰产栽培技术）

ISBN 978-7-5219-0583-0

Ⅰ. ①扁… Ⅱ. ①刘… Ⅲ. ①扁桃－果树园艺 Ⅳ. ①S662.9

中国版本图书馆 CIP 数据核字（2020）第 085028 号

责任编辑：李敏　王越

出版发行	中国林业出版社（100009　北京市西城区德胜门内大街刘海胡同7号）电话：（010）83143575　http://www.forestry.gov.cn/lycb.html
印　刷	河北京平诚乾印刷有限公司
版　次	2020年10月第1版
印　次	2020年10月第1次
开　本	880mm×1230mm　1/32
印　张	4
彩　插	4面
字　数	119千字
定　价	38.00元

《特色经济林丰产栽培技术——扁桃》编委会

主 编：刘 鑫

编写人员：刘 鑫 杨 伟 贺 奇 武 静

序

　　党的十八大以来，习近平总书记围绕生态文明建设提出了一系列新理念、新思想、新战略，突出强调绿水青山既是自然财富、生态财富，又是社会财富、经济财富。当前，良好生态环境已成为人民群众最强烈的需求，绿色林产品已成为消费市场最青睐的产品。在保护修复好绿水青山的同时，大力发展绿色富民产业，创造更多的生态资本和绿色财富，生产更多的生态产品和优质林产品，已经成为新时代推进林草工作重要使命和艰巨任务，必须全面保护绿水青山，积极培育绿水青山，科学利用绿水青山，更多打造金山银山，更好实现生态美百姓富的有机统一。

　　经过70年的发展，山西林草经济在山西省委省政府的高度重视和大力推动下，层次不断升级、机构持续优化、规模节节攀升，逐步形成了以经济林为支柱、种苗花卉为主导、森林旅游康养为突破、林下经济为补充的绿色产业体系，为促进经济转型发展、助力脱贫攻坚、服务全面建成小康社会培育了新业态，提供了新引擎。特别是在经济林产业发展上，充分发挥山西省经济林树种区域特色鲜明、种质资源丰富、产品种类多的独特优势，深入挖掘产业链条长、应用范围广、市场前景好的行业优势，大力发展红枣、核桃、仁用杏、花椒、柿子"五大传统"经济林，积极培育推广双季槐、皂荚、连翘、沙棘等新型特色经济林。山西省现有经济林面积1900多万亩，组建8816个林业新型经营主体，走过了20世纪六七十年代房前屋后零星种植、八九十年代成片成带栽培、21世纪基地化产业化专业化的跨越发展历程，林草生态优势正在转变为发展优势、产业优势、经济优势、扶贫优势，成为推进林草事业实现高质量发展不可或缺的力量，承载着贫困地区、边远山区、广大林区群众增收致富的梦想，让群众得到了看得见、摸得着的获得感。

随着党和国家机构改革的全面推进，山西林草事业步入了承前启后、继往开来、守正创新、勇于开拓的新时代，赋予经济林发展更加艰巨的使命担当。山西省委省政府立足践行"绿水青山就是金山银山"的理念，要求全省林草系统坚持"绿化彩化财化"同步推进，增绿增收增效协调联动，充分挖掘林业富民潜力，立足构建全产业链推进林业强链补环，培育壮大新兴业态，精准实施生态扶贫项目，构建有利于农民群众全过程全链条参与生态建设和林业发展的体制机制，在让三晋大地美起来的同时，让绿色产业火起来、农民群众富起来，这为山西省特色经济林产业发展指明了方向。聚焦新时代，展现新作为。当前和今后经济林产业发展要走集约式、内涵式的发展路子，靠优良种源提升品质、靠管理提升效益、靠科技实现崛起、靠文化塑造品牌、靠市场打出一片新天地，重点要按照全产业链开发、全价值链提升、全政策链扶持的思路，以拳头产品为内核，以骨干企业为龙头，以园区建设为载体，以标准和品牌为引领，变一家一户的小农家庭单一经营为面向大市场发展的规模经营，实现由"挎篮叫买"向"产业集群"转变，推动林草产品加工往深里去、往精里做、往细里走，以优品质、大品牌、高品位发挥林草资源的经济优势。

正值全省上下深入贯彻落实党的十九届四中全会精神，全面提升林草系统治理体系和治理能力现代化水平的关键时期，山西省林业科技发展中心组织经济林技术团队编写了"特色经济林丰产栽培技术"丛书。文山同志将文稿送到我手中，我看了之后，感到沉甸甸的，既倾注了心血，也凝聚了感情。红枣、核桃、杜仲、扁桃、连翘、山楂、米槐、皂荚、花椒、杏10个树种，以实现经济林达产达效为主线，围绕树种属性、育苗管理、经营培育、病虫害防治、园园建设，聚焦管理技术难点重点，集成组装了各类丰产增收实用方法，分树种、分层级、分类型依次展开，既有引导大力发展的方向性，也有杜绝随意栽植的限制性，既擘画出全省经济林发展的规划布局，也为群众日常管理编制了一张科学适用的生产图谱。文山同志告诉我，这套丛书是在把生产实际中的问题搞清楚、把群众的期望需求弄明白之后，经过反复研究修改，数次整体重构，经过去粗取精、由表及里的深入思考和分析，历经两年才最终成稿。我们开展任何工作必须牢固树立以人民为中心的思想，多做一些打基础、利长远的好事情，真正把群众期盼的事情办好，这也是我感到文稿沉甸甸的根本原因。

科技工作改善的是生态、服务的是民生、赋予的是理念、破解的是难题、提升的是水平。文稿付印之际，衷心期待山西省林草系统有更多这样接地气、有分量的研究成果不断问世，把经济林产业这一关系到全省经济转型的社会工程，关系到林草事业又好又快发展的基础工程，关系到广大林农切身利益的惠民工程，切实抓紧抓好抓出成效，用科技支撑一方生态、繁荣一方经济、推进一方发展。

山西省林业和草原局局长

2019 年 12 月

前　言

扁桃（*Amygdalus communis*）为落叶乔木，属蔷薇科李亚科扁桃属，在我国栽培历史悠久，迄今已有1300多年的历史，但目前我国扁桃种植生产还处于起步阶段，种植规模分散，且优良品种少，栽培条件差，管理技术粗放，生产效益较低，产品采后商品化处理简单，产业化程度较低，科技含量低，严重影响扁桃产业的可持续发展，亟需系统的扁桃栽培技术指导生产。

本书系统地介绍了扁桃价值、适生区、栽培现状、品种、生物学特性、栽培技术、整形修剪、病虫害防治、采收加工等一整套生产管理技术，共十章，本书前言、第一、三、四、五、七、八章及附录由刘鑫编写，第二、六章由杨伟编写，第九章由贺奇编写，第十章由武静编写，全书由刘鑫审定统稿。本书以实用技术为主，并整理出了山西扁桃栽培管理周年历以供参考。

本书在编写过程中参考了许多资料，在此诚向资料的作者表示衷心的谢意。

由于作者的经验不足，业务水平有限，书中难免有不足和错误之处，敬请读者批评指正，以便提高。

刘　鑫

2019年9月

目 录

序

前 言

第一章　扁桃综述 ……………………………………………（1）

　　一、扁桃的经济价值和生态效益 ……………………………（1）

　　二、扁桃的起源和栽培历史 …………………………………（5）

　　三、中国扁桃概况 ……………………………………………（6）

第二章　扁桃生物学特性 ……………………………………（10）

　　一、扁桃形态特征 ……………………………………………（10）

　　二、扁桃生长发育习性 ………………………………………（14）

　　三、扁桃对环境条件的要求 …………………………………（18）

第三章　扁桃种质资源和优良品种 ………………………（22）

　　一、中国扁桃属植物资源种类与分布 ………………………（22）

　　二、扁桃优良新品种 …………………………………………（27）

第四章　扁桃园的建立 ………………………………………（33）

　　一、建园 ………………………………………………………（33）

　　二、栽植 ………………………………………………………（36）

第五章　扁桃苗木繁育技术 ………………………………（40）

　　一、苗圃地建立 ………………………………………………（40）

二、砧木苗培育 ……………………………………… （41）

三、嫁接苗培育 ……………………………………… （44）

四、苗木出圃 ………………………………………… （48）

第六章　扁桃花果管理技术 ……………………………… （50）

一、落花落果的原因 ………………………………… （50）

二、保花保果的措施 ………………………………… （51）

第七章　扁桃土肥水管理技术 …………………………… （57）

一、土壤管理 ………………………………………… （57）

二、施肥技术 ………………………………………… （59）

三、水分管理 ………………………………………… （63）

第八章　扁桃整形修剪技术 ……………………………… （68）

一、整形修剪的意义 ………………………………… （68）

二、适宜的树形 ……………………………………… （71）

三、修剪方法 ………………………………………… （72）

四、整形修剪技术 …………………………………… （76）

第九章　扁桃病虫害防治灾害防护技术 ………………… （79）

一、病害与防治 ……………………………………… （79）

二、虫害与防治 ……………………………………… （86）

三、禽兽危害与防治 ………………………………… （96）

第十章　扁桃采收与加工利用技术 ……………………… （98）

一、采收 ……………………………………………… （98）

二、采后处理 ……………………………………… （100）

三、加工及利用 …………………………………… （104）

参考文献 ……………………………………………… （106）

附录　扁桃栽培管理周年历 ……………………………… （111）

扁桃（*Amygdalus communis*）是世界著名的坚果，在国际市场上一直受到人们的青睐。扁桃在中国又常被人们称为大杏仁或美国大杏仁，并被认为是一种与中国杏仁很相似的可食用植物种仁。但实际上，扁桃（美国大杏仁）和中国杏仁在植物学上有着较大的差别，扁桃在植物学上属于蔷薇科（Roseceae）桃属（*Amygdalus*）植物，而中国杏仁则属于蔷薇科杏属（*Armeniaca*）植物，扁桃和杏仁应该属于"远亲"。扁桃并不是植物学上的"杏仁"，而是真正的桃仁。扁桃营养成分丰富，可以提供优质而丰富的食用植物蛋白和脂肪酸（特别是不饱和脂肪酸）。国外的相关研究证明，人们不必为食用扁桃而担心体重的增加，相反扁桃可以有效地预防肥胖症和心脏疾病。我国扁桃的传统产地在新疆维吾尔自治区天山以南地区，扁桃在当地又称巴旦姆、巴旦木或巴旦杏。扁桃仁香脆可口，营养丰富，是极佳的营养保健珍品，深受消费者喜爱。在我国扁桃的传统产地——新疆，扁桃是健康、长寿、吉祥的象征。近年来，世界扁桃总产量、贸易量均居四大坚果（扁桃、核桃、榛子、阿月浑子）之首或第二，是世界著名的坚果和木本油料树种。

一、扁桃的经济价值和生态效益

扁桃仁味美可口，营养丰富，具有医疗保健作用，是很受欢迎的高档果品，同时也是多种工业产品的生产原料，扁桃外皮、核壳、木材等都具有广泛的加工利用价值。因此，扁桃浑身是宝，特别是其经济效益高。据在山西闻喜、万荣、汾西等地栽植观察，一般第一年栽植，第二年即可挂果；第三至第四年后进入大量结果期，株产3~5千克，盛果期可达5~10千克，亩①产可达200~300千克，亩收入在3000~5000元，很有"钱"途，是脱贫致富达小康的好项目。

（一）扁桃仁

1. 营养价值

根据扁桃仁营养成分分析，扁桃仁是高营养的珍贵果品。据有关资料介绍，扁桃仁的营养价值比同重量的牛肉高6倍。扁桃仁的主要成分为脂肪，含量达35%~67%（因品种和环境差异而异），含有较高的热量和能量，扁桃油中油酸和亚油酸含量高，分别占43.8%~70.0%和17.3%~43.0%，均容易被人体消化吸收；而棕榈酸和硬脂酸含量低，分别占4.5%~9.8%和0~4.0%；扁桃油淡黄清亮，折光指数为1.4763，比重0.9130，酸值为0.1~3.0，碘值93.0，皂化值188.0；作为食用植物油，其酸值、碘值、皂化值均低，理化性状稳定，长期存放不易变质。

扁桃仁含蛋白质16.5%~34.0%，包括清蛋白、球蛋白、谷蛋白和醇溶蛋白。其中18种氨基酸含量占24.1%，8种人体必需氨基酸占氨基酸总量的28.3%，其氨基酸总量高于核桃和鸡蛋，其中缬氨酸、苯丙氨酸、异亮氨酸和色氨酸等含量均高于牛肉。

扁桃仁含糖10.0%~11.0%，主要是蔗糖（可分解为果糖和葡萄糖）和棉籽糖，含纤维2.5%~3.8%，含无机盐2.9%~5.0%，矿物元素有：磷、钠、钾、钙、镁、铜、锰、铁、钡、铝、锶、络、银、硒等18种，并富含维生素A、维生素B_1、维生素B_2、维生素E、烟酸，以及杏仁素酶、苦杏仁苷、消化酶等；扁桃仁中的维生素B_2和维生素E含量高于花生和核桃，其中维生素E含量是核桃的19倍。

2. 药用及医疗保健价值

扁桃仁具有明目、健脑、健胃及助消化功能，可用于防治心脑

————————

① 1亩=1/15公顷。

血管病、癌症、肺炎、支气管炎等多种疾病。扁桃仁富含多种生理活性物质，其中苦杏仁苷能抑制或杀死癌细胞并缓解病痛。扁桃仁中不饱和脂肪酸含量高，同时含维生素 E，可有效降低血管中低密度脂蛋白，溶解胆固醇，疏通血管，是治疗高血压、心脑血管病的药用成分之一；同时一些发达国家已经向公众推荐扁桃仁及其加工品为理想的"双低"食品（低饱和脂酸、低胆固醇）。

另外，可用扁桃仁制作成各种补品，如扁桃乳、扁桃酒等，还可用苦扁桃仁加工制作成镇静剂和止痛剂等；扁桃乳状油还用于治疗皮肤瘙痒症。

3. 工业价值

扁桃仁含油量高，扁桃油色淡黄，风味芳香，碘值低，理化性状稳定，长期存放不易变质，可用作精密仪器的防锈油。扁桃油也广泛用作化妆品制造业以及香料工业（制作香精油）的生产原料，其挥发油用来制造高质量油脂，化妆用香膏、雪花膏、扁桃水、扁桃乳等，这些制品是良好的脸部和手部皮肤清洁剂，可消除雀斑，可在腋部和脚底多汗时应用。

另外，扁桃仁含单宁物质 0.17%~0.60%，可用作制革鞣料。

（二）扁桃副产品利用

1. 外皮

在成熟时扁桃外皮（果肉）开裂，其果肉纤维多、汁液少，不宜食用。通常将扁桃外皮配合大麦和苜蓿制作成奶牛的精饲料，可显著提高产奶率。扁桃外皮中含有 40% 左右的钾，1 吨外皮可生产 70 千克钾盐，可用于配制生产肥料和肥皂。

2. 核壳

扁桃核壳表面积大，灰分含量少，是提取上等活性炭的最佳原料之一，广泛用作国防、化工、大型水厂等行业中清除杂质的净化剂。有些品种的果壳可用于白兰地酒及一些白葡萄酒的染色，以及给酒添加特殊味道的增味剂。扁桃壳在工业中广泛用作缓冲物，制成不同规格的颗粒，在石油工业的油井钻探中用作降低管道内部压力的缓冲物质，也可用于填补汽车冷却系统和潜水艇保温系统中金属精密配件的微小孔隙。另外，用扁桃壳制成的牙膏，可以清洁牙齿，防止龋齿等其他牙病。扁桃壳也可生产低分子量的木糖和木糖醇。

3. 树胶

扁桃树干分泌的树脂中含有 54.0%～55.0% 的树胶醛糖和 23.0%～24.0% 的半乳糖，可加工制作成阿拉伯树胶以及用作棉纺织品染色剂。扁桃果实分泌的树胶为樱桃胶，是上好的工业原料。另外，扁桃树干和果实分泌的树胶也可用于提制高级胶水。

4. 木材

扁桃枝干木材坚实，材色淡红而美丽，磨光性好，纹理细致，伸缩性小，抗击力强，可制作各种高档细木家具及旋制手工木器，还可用于制作各种工艺雕刻品。扁桃木的下脚料是很好的室内壁炉取暖木料，无烟，灰分少，深受欧美国家居民的喜爱。

（三）生态效益

发展扁桃还有着良好的生态效益。在改善生态环境、退耕还林、保持水土的工程中，栽种单纯的生态树种，经济效益低，应当选择既有生态作用又有良好经济效益的树种，扁桃就具有这种双重功效，其巨大的生态效益主要表现在：

1. 适应性强，抗寒耐旱，且耐瘠薄

对土壤要求不严，在黑土、沙砾土、黏土、轻沙土上均可生长，是生态林建设的优选树种，在我国北方十年九旱的气候条件下栽植具有特殊意义。

2. 扁桃是速生树种，年生长量是其他果树的 1～2 倍

扁桃开花早，花繁且芳香，有白色、粉红色和紫色，是重要的早春蜜源植物，扁桃树冠开张，树姿优美，有些品种还有垂枝、彩叶等性状，具有一定的观赏价值，是很好的城市园林绿化树种。扁桃树又可用作防护林、行道树。扁桃树寿命长，虫害少，是很好的城乡园林绿化树种，可净化空气、美化环境；扁桃是速生树种，年

生长量是其他果树的 1~2 倍。

3. 扁桃根系发达

一般成龄扁桃树根纵向可过 6 米,横向可达 7 米,固土性强,抗旱性能强,在年降雨量只有 38~58.4 毫米的地区也能生长。扁桃抗寒性强也耐高温,休眠期可耐 -27~-20℃ 的低温,在气温高达 36~40.5℃ 的地区也能生长良好,是绿化荒山、保持水土、治理荒漠的首选经济林树种。

二、扁桃的起源和栽培历史

(一)扁桃野生种天然分布

扁桃的野生种起源于中亚细亚山区,现今仍有两个分布区:科彼特山(伊朗和土库曼斯坦的界山)西部低山带的阿尔捷里、巴里吉里谷地;天山西部支脉费尔干纳山的贾拉拉巴德地区(吉尔吉斯斯坦)、奥什费尔干地区,包括塔什干阿拉套山布斯盖姆和乌格姆河下游(乌兹别克斯坦)、伊犁河流域(哈萨克斯坦)。两分布区地处北纬 37°~43°,东经 56°~72°,海拔 650~1100 米。早期植物学家们所发现的扁桃种类,如普通扁桃种,今天依然存在,它尤其适生于亚洲中西部的土库曼斯坦、乌兹别克斯坦、塔吉克斯坦、吉尔吉斯斯坦、伊朗和阿富汗的高山上中等海拔地区的冬季温和温润、夏季炎热干燥的气候。

(二)扁桃野生种古老时期驯化栽培

扁桃是由野生种进化发展而来。从人类远古时代起,野生扁桃已为人们所认识,并从这些主要的苦仁野生类型中选择甜仁类型驯化栽培。公元前 4000 年以前就在其自然分布区及土耳其、约旦等地引入栽培甜仁扁桃类型,并由此传入希腊和罗马。据国外文献记载,世界上分布的扁桃野生种约有 40 个。其中,前苏联约有 15 个,主要分布于科彼特山、天山西部和外高加索的半荒漠半草原山区。其余野生种分布于北非洲、巴尔干半岛中南部诸国、叙利亚、伊拉克、巴勒斯坦、伊朗、巴基斯坦和中国等,中国现有 5 个扁桃野生种,分别为西康扁桃、蒙古扁桃、长柄扁桃、榆叶梅和野巴旦。

（三）扁桃野生种现代驯化栽培

远古野生种内经济价值最高的是扁桃种（即普通扁桃种），因而很早已被人类栽培利用，现今为世界各国广泛栽培。大约从公元前450年开始，扁桃栽培从希腊传到了地中海沿岸的局部地区，当时的主要栽培地包括西班牙、葡萄牙、希腊、摩洛哥、突尼斯、土耳其、法国和意大利，大多种植在山坡上，扁桃也能适应干旱、贫瘠的土壤，当时这些果树都被种植在贫瘠的土壤上，从不进行灌溉和管理，它们存活下来并且开花结果。在意大利，特别是在古罗马时代以后，扁桃栽培很盛行，形成了西西里岛的扁桃栽培中心。在公元6世纪希腊殖民时期，前苏联克里木地区引入扁桃栽培。18世纪中叶，通过传教士将扁桃由南欧和北美引入美国，并在加利福尼亚州成功栽培和发展。自19世纪起，美国加利福尼亚州地区发展成为世界扁桃主产地和主要出口地。

三、中国扁桃概况

（一）中国扁桃引种栽培历史

中国从唐朝开始种植扁桃，从波斯国（伊朗）引进种子，经丝绸之路引种至长安，沿途在新疆、甘肃、宁夏、陕西等地均有栽培。但因内地湿度过大和历史战乱等原因，仅在新疆西南部保留。

报历史文献考证，中国扁桃的栽培历史可追溯于1300多年以前的唐朝末期（公元7世纪）。在唐末段成式的《西阳杂俎》中称扁桃为"偏桃""婆淡树"；同期或稍后的学者刘恂在《岭表录异》和北宋学者李昉在《太平御览》中称扁桃为"偏核桃"；南宋学者范成大在《桂海虞衡志》中称扁桃为"匾桃"；元朝学者耶律楚材在《西游录》中称扁桃为"芭榄"；明朝医学家和药物学家李时珍在《本草纲目》中称扁桃为"巴旦杏""匾桃""波淡树"；明末学者王晋象在《群芳谱》中记载"扁桃出波斯国，仁甘美，番人珍之"，首次提出"扁桃"这一名称。另外，清朝学者刘灏在《广群芳谱》、屈翁山在《广东新语》、鄂尔泰和张廷玉在《授时通考》以及吴其濬在《植物名实图考》等著作中均有关于扁桃的记载。明清时期一些地方县志中也有扁桃的记载，如山东临邑、山西祁县和翼城、河南洛阳、安徽宁国、广东高要等地。这些记载均可说明，扁桃在我国栽培历史悠久，引种和分布范围比较广泛。

（二）中国扁桃发展现状

1. 新疆维吾尔自治区扁桃发展现状

长期以来，扁桃在中国大部分地区发展缓慢，成片栽培区仅见于新疆，主要分布在喀什地区的英吉沙、莎车、疏附、叶城、泽普、喀什等市（县），另外在和田、阿克苏、阿图什、库尔勒等地区也有零星栽培，主要栽培品种多为当地传统品种。据 2006 年年底，新疆维吾尔自治区林业部门统计显示，新疆扁桃栽培面积约 9647 公顷，年产量约 721 吨，其二三十年生大树平均株产仅 1～2 千克，是美国和伊朗等发达国家扁桃产量的 1/10～1/5。

20 世纪 60 年代后到 70 年代，新疆地区先后从阿尔巴尼亚、意大利、美国等引入扁桃繁殖材料，包括扁桃种子、接穗和苗木，历经数十年的驯化栽培，大部分引种试种成功，并对扁桃的器官、生长发育、授粉亲和力等生物学基础进行研究，开展良种选育、丰产栽培技术研究。近半个世纪以来，新疆科研人员对扁桃开花物候期、授粉生物学、花粉管生长习性、幼果早期胚胎发育嫁接育苗、低产林改造及病虫害防治等方面进行了多方面的研究。在良种选育方面，选育出'多果''双软''晚丰''纸皮''鹰嘴''克西''双果''双薄''寒丰''麻壳''新意''小软壳'等多个优良品种。另外，新疆从美国引进栽培的扁桃品种'浓帕烈''特晚花浓帕烈''布特''卡买尔''米森''鲁比''索诺拉''福瑞兹''汤姆逊''尼·普鲁·乌特拉'和'索拉诺'，用于生产推广应用。

2. 扁桃种质资源的利用和优良单株的选择

从 20 世纪 50 年代起，中国逐渐重视扁桃种质资源的利用和优良单株的选择。以中国科学院为代表的一批科研单位开展了扁桃引种工作，各单位初期引种的植株基本能够生长，并完成阶段发育和开花结实，但由于内地生长季高温高湿的气候，植株极易感染病害，枝条进入休眠期晚，越冬时易受冻害，因而结实量大大降低，未能规模发展。

进入 20 世纪 90 年代，随着国民经济的快速发展，人们生活水平的稳步提高，国内市场对扁桃产品的需求逐年增加。美国扁桃产品开始大量进入中国，当时国内各大城市的超市中扁桃仁售价高达80～100 元/千克，而当时中国仅在新疆有一定的栽培。直至目前，年产量不足 1000 吨，市场需求远远超过生产供应，供需矛盾显著，受产销严重失衡的市场刺激，同时伴随中国农业产业结构调整和荒山荒坡绿化造林以及退耕还林等政策的实施，全国各地纷纷开展大规模的扁桃引种试栽，并进行优良品种选育和丰产栽培技术研究。其中尤以山西、陕西、甘肃、山东、河南等地发展较快，选育出一批优良品种或品系，总结了扁桃丰产栽培技术，并在生产上有一定的栽培推广。以下就上述 5 省的扁桃发展情况进行介绍。

早在 20 世纪六七十年代，山西省农业科学院果树研究所开始扁桃的引种栽培研究，但因授粉和产量问题未能很好解决全面中断。20 世纪 90 年代初，该所科研人员与意大利罗马果树研究所合作，引进 46 个扁桃品种，进行扁桃引种驯化和实生育种研究，经过连续 15年的研究试验，包括苗木培育，优良株系筛选、植物学特征、生物学特性、物候期调查和果实经济性状鉴定，选育出 4 个晚花、大仁、优质类型的扁桃新品种——'晋扁 1 号''晋扁 2 号''晋扁 3 号'和'晋扁 4 号'，分别于 2003 年、2005 年、2006 年和 2007 年通过省品种审定，并在山西省原平市及以南地区进行大面积推广栽培；同时，在新疆、河北、河南、甘肃、陕西、山东等地引种试栽。

1994 年，西北农林科技大学园艺学院果树研究所从美国、意大利、以色列等国引进 10 余个扁桃品种，在陕西省关中及渭北地区建立品种观察圃，从中选出适合当地栽培的几个优系（陕 86-1、陕 86-3、陕 86-4、陕 86-9 等），最终选育出'浓美''超美''美心'3 个新品种，于 2004 年通过陕西省林木良种品种市定委员会认定通过，并初步探讨了配套栽培技术及提早结果技术措施等。

1998 年，甘肃省承担国家"948"项目——扁桃引种及栽培技术，引进国外 30 多个扁桃品种，分别在甘肃省天水、平凉等地建立扁桃品种园；于 2001 年筛选出'甘黄 1 号''甘黄 2 号''甘黄 3 号''甘黄 4 号'等 10 多个优良品系，并进行推广栽培。

20 世纪 90 年代初，山东省农业科学院果树研究所从意大利引进扁桃优良品种，通过 10 余年的引种研究，筛选出 4 个表现优良的意大利品种——'索坡诺娃''费拉托''费拉涅'和'多诺'；近年来又引进美国扁桃品种。山东省林木良种审定委员会于 2006 年认定通过了两个从美国引种栽培的扁桃品种'麦森德'和'普瑞斯'，用于当地生产。

河南省经济林研究中心于 1994 年组织开展了扁桃引种研究课题，从意大利、美国、乌兹别克斯坦、澳大利亚以及中国新疆等处引进 30 多个优良品种，通过多年试验，筛选出 9 个抗性强、优质、丰产的品种，分别为'米森''费拉涅''费拉托''多诺''派锥''布特''多果''双软'等，尚在进一步观察试验中。

第二章

扁桃生物学特性

一、扁桃形态特征

(一) 根

扁桃能够抗旱耐瘠薄，在于其有发达的根系，向外伸展吸收水肥供给地上部分生长发育。

扁桃种子发芽后，胚根先向下垂直生长，初生根为主根，1年生主根在沙性壤土中可深入土层1米左右。2年生实生苗根系达2米以上，随着主根的生长，主根上又分生出许多侧根，形成侧根系。侧根生长发育很快，并大大超过主根，侧根主要分布在通气良好的上层土壤中。

根据调查显示：扁桃70%的根系集中分布在0~40厘米的土层内，根幅达3.5米，为冠幅的2倍，50%的根系集中分布在20~60厘米的土层内，根幅达8.5米，近3倍于冠幅，根深入干土层内达2.93米。所以它能广泛获取土壤中的养料和水分。干旱期土层土壤干燥，其深层根系仍然可以吸取水分而保持生命活力。据对12年生扁桃树的侧根系调查显示，其侧根系主要分布在20~40厘米的土壤层中。由于松土除草的原因，20厘米以上土层湿度小，只有主根而少侧根；20~40厘米土壤层中，侧根系分布数量多；40~90厘米土壤层中，根系分布数量大大减少；90厘米以下的土层中无明显根系；其根冠比为2:7。由于扁桃侧根庞大，所以扁桃耐干旱、瘠薄，适应性较强，在黄土丘陵沟壑区不论任何坡向、坡位造林都能正常生长。

（二）枝

扁桃的营养枝按其长短分为徒长枝（>60 厘米）、长枝（15~60 厘米）、中枝（5~15 厘米）、短枝（<5 厘米）。扁桃的结果枝按其长度分为徒长性结果枝（>60 厘米）、长果枝（15~60 厘米）、中果枝（5~15 厘米）、短果枝（1~5 厘米）、花束状短果枝（<1 厘米）。

1. 生长枝

生长枝，即营养枝、发育枝。幼树树冠主要由生长枝构成。成年大树树冠内，其主、侧枝的延长枝为生长枝，直径一般为 0.6~0.8 厘米，长度 1 米左右。生长枝上大部分为叶芽，有少量花芽，多为单花芽。延长枝因品种不同而略有差异，萌生副梢或无。

2. 结果枝

结果枝上着生大量花芽，能开花结果。根据结果枝长度及花芽着生状况，将结果枝分为以下五类。

（1）长果枝

扁桃长果枝极少，桃形扁桃（即桃与扁桃的杂种，也叫桃巴旦）品系有长果枝，其他品系极少。

（2）中果枝

扁桃中果枝很少，桃形扁桃品系和苦扁桃品系有中果枝，其他品系也很少。中长果是中果枝结果后延长的，其副梢上可分化花芽，有单花芽和双花芽。

（3）短果枝

扁桃大多数品种以短果枝结果为主，长度 5 厘米左右，直径 0.3~0.4 厘米。短果枝每年坐果后可长出新梢，新梢年生长量 1 厘米左右，每年在新梢上分化花芽、多果短果枝和细弱花芽，短果枝结果后逐渐枯死。

（4）小短果枝

小短果枝又称花束状果枝，枝条长 1~2 厘米，枝顶分化花芽和叶芽，中间着生 1 个叶芽，周围密生 2~5 个花芽。结果少（1~2 果）的健壮果枝，其叶芽可抽生新梢，并可在新梢上分化花芽，结果多

（3～5 果）的果枝，不能抽生新梢，果实成熟后果枝枯死。生长弱的果枝在复壮生长之后，当年不分化花芽，次年才分化形成花芽。小短果枝寿命最短，约 1～3 年。

（5）徒长结果枝

多位于树冠内膛，在能接受光照的条件下，可分生出徒长结果枝。枝长 40 厘米左右，直径 1 厘米左右，枝条中上部一般无花芽，下部有少量花芽，有单花芽和双花芽，不抽生副梢。果实能正常发育成熟。

3. 徒长枝

在主、侧枝上，新生出的直立枝多为徒长枝，枝长 1 米以上，直径 1.5 厘米左右，节间长，叶腋主要为叶芽，多着生瘪芽，枝条上部有时有极少数单花芽。

（三）芽

扁桃的芽分为叶芽、花芽、休眠芽和不定芽；枝条的顶芽均为叶芽，花芽均为侧芽，长果枝上常见叶芽和花芽并生在同一结节间，花芽多成单生。

1. 叶芽

多着生在叶腋或枝条顶端，芽体瘦小，圆锥形，先端尖，外被 9～11 枚苞鳞，芽内幼叶呈对折状。萌芽后只抽生枝叶而不开花。枝条顶端及上部枝芽可抽生旺盛新梢，上部的新梢多为长果枝、中果枝以及短果枝，基部只能形成叶芽和极少数休眠芽，新梢叶腋内可分化形成花芽。

2. 花芽

花芽着生在叶腋间，比叶芽肥大。花芽形状因品种不同而略有差异，呈圆形、椭圆叶。着生 1 个花芽的称单花芽，着生 2 个及以上花芽的称复花芽。通常 1 个芽内开 1 朵花，有少数品种可开 2 朵花。

3. 休眠芽

休眠芽着生在 1～3 年生结果枝和徒长枝基部的叶腋以及当年生

夏梢、秋梢的节间，春季不发芽，呈休眠状态，受到外界刺激时可萌生枝条。芽小，不易看出，寿命短，易脱落。

4. 不定芽

着生位置不定，在树冠衰老、重修剪、树体受到严重伤害时，分别在主枝、侧枝、徒长枝等愈合组织及其分枝部位生出不定芽。不定芽是由枝上某一细胞分化而成新生长点，再由新生长点生长而成；不定芽可抽生新梢。

（四）叶

扁桃1年生枝上的叶互生，短枝上的叶常靠近而簇生；叶片的大小、形状、颜色因品种不同而不同。

扁桃叶片为披针形或椭圆状披针形，先端急尖至短渐尖，基部宽楔形至圆形，幼嫩时微被疏柔毛，老时无毛，叶边具浅钝锯齿；叶柄长1~2厘米，无毛，在叶片基部及叶柄上常具2~4腺体。叶片呈绿色、浅绿色或灰绿色，叶片光滑，具旱生结构，有托叶。

不同品种的叶片数量与产量具有一定的相关性。有资料显示，高产、果大、壳厚的品种叶量大，1厘米枝条上平均4片叶；产量及果型较大的软壳、薄壳品种，叶量中等，1厘米枝条上平均2.6~2.8片叶；低产品种叶片数量少，1厘米枝条上平均1.7片叶；高产品种叶片小，但叶片数量多，是长期适应生长发育而增加光合产物的结果。

（五）花

扁桃花期早，花量大。花单生，先于叶开放，着生在短枝或1年生枝上；花梗长3~4毫米；萼筒圆筒形，长5~6毫米，宽3~4毫米，外面无毛；萼片宽长圆形至宽披针形，长约5毫米，先端圆钝，边缘具柔毛；花色有白色、粉红色、紫色等，单生或两朵并生。花瓣长圆形，长1.5~2厘米，先端圆钝或微凹，基部渐狭成爪，白色至粉红色。雄蕊长短不齐；花柱长于雄蕊，子房密被绒毛状毛。

雄蕊着生在萼筒基部，一般20~44枚，花萼5片，白绿色或淡红色，伸向外缘的花丝较长，靠近花柱的花丝较短；花药大小不同，开花后立即散粉。花粉数量、花粉粒大小及颜色因品种而不同。据测定，每朵花平均散粉 3~9 毫克。花粉粒形状似小麦麦粒，有圆形、长圆形等，中等大小的花粉或大花粉占多数，生活力强的花粉往往大或中等，这种花粉粒授粉效果最佳。在芽内花粉颜色为绿色，芽膨大后花粉颜色变黄，有浅黄、橙黄；扁桃花为虫媒花，花粉散发出芳香气味，引诱昆虫传粉。

雌蕊通常 1 枚，个别品种为 2 枚；子房上位，有绒毛，着生在萼筒上。花柱上部细，下部膨大，柱头黄绿色，先端弯曲，子房圆锥形，周围密生纤细柔毛。子室 1 个，着生 2 个胚珠，一般只有 1 个能发育成种子，双仁品种则 2 个都能发育成种子。在结果小年，少数品种及普通品种的花会有很多雌蕊退化。雌蕊很小或未形成的花为不完全花，不能授粉结果。

（六）果

扁桃果实淡绿色，密被绒毛。长 3~5.5 厘米，宽 1.7~3.5 厘米，厚 1.4~2.3 厘米，顶端尖或稍钝，基部多数近截形；果肉薄，纤维质化，成熟时干缩开裂。果实纵扁，故称扁桃，果核黄色或褐色，形状有卵形、长卵形、椭圆形或镰刀形等。果核长 2~3.7 厘米，宽 1~2.4 厘米，厚 0.9~1.6 厘米，质量 1~5.7 克。核壳硬或呈疏松的海绵状，厚 0.2~1.2 毫米，壳面有孔洞或沟纹，分薄、中、厚三类，例如纸皮果壳松软，缝合线处有翅膜，常为自然开裂。背缝合线轻度突出，有的具有宽的翅膜。果仁淡褐色或棕褐色，光滑或粗糙，有皱纹，具蜂窝状孔穴；种仁味甜或苦。一般果核含果仁 1 个，少数含 2 个。仁重一般为 0.5~1.0 克，味甜或苦。

二、扁桃生长发育习性

（一）萌芽与开花

从芽体膨大到开花结束为萌芽开花期，此期间叶芽萌发，幼叶分离生长。芽开花时期长短主要取决于环境的温度和湿度。当气候温暖干燥时，萌芽、开花延续时间短，反之时间长。花期因品种不同而差异较大，按开花时期早晚分早花、中花、晚花三种品种类型，早花品种多，中花品种少，晚花品种更少。

　　早花品种开花持续时间长，为22~30天，一般在3月底始花，4月初盛花，4月中旬落花；中花品种开花持续时间较长，为19~27天，一般4月初始花，4月上旬盛花，4月中旬落花；晚花品种开花持续时间短，为13~16天，4月上中旬始花，4月中旬盛花，4月中下旬落花。

（二）授粉与受精

　　花初开放时，有的扁桃品种雄花粉囊立即散粉，有的品种在花开放2~6小时后散粉，散粉量开始时少，24小时后大量散粉，可持续2~3天。雌蕊柱头在开花前已开始分泌小液球，开花后大量分泌，可持续50小时，在柱头分泌液珠期间，大量花粉粒附着柱头，花柱周围的线毛内也堆积大量花粉。花粉粒在温度适宜和蜜液刺激下，因品种不同，分别在46~106小时内发芽，此时柱头裂产生缝隙，变为浅褐色，花粉管伸入柱头，在子房内进行受精；2~4天花圈便开始脱落，3~6天后子房显著膨大，子室内胚珠也明显长大，说明已受精，受精不良以及未受精的幼果，约在7天后开始大量落果，可连续10~15天落尽，不落的果实比较牢固，以后少发生落果。

　　扁桃绝大多数品种是异花结实型，并有选择性，因品种不同而各自选择授粉亲和的品种进行授粉受精。亲和的花粉授粉后可结实，不亲和的花粉即使授粉也不能结实。扁桃有少数品种可自花授粉结实，但结实率低（表2-1）；生产上需要配置适宜的授粉树，选择花期相遇、授粉亲和力强、花粉粒大、散粉量多、生活力强的品种作为授粉品种。

表2-1　扁桃自花授粉试验调查表（朱京琳，1984）

品种	套袋花数	结实数	结实率（%）
纸皮	104	0	0
双果	178	19	10.7

（续）

品种	套袋花数	结实数	结实率(%)
鹰嘴	62	0	0
双薄	100	0	0
双软	17	0	0
长巴旦	239	5	1.7
白薄壳	37	0	0
小软壳	15	0	0
大巴旦	7	0	0
薄壳苦巴旦	39	4	10.2
花皮桃巴旦	45	15	18.5

（三）花芽分化

扁桃花芽的形态分化可分为：分化前期、分化初期、花萼分化期、花瓣分化期、雄蕊分化期和雌蕊分化期等 6 个时期。扁桃的花芽分化类型，与核果基本相同。集中分化期为 8 月中旬至 9 月中旬。多数品种完成形态分化所需时间为 110~125 天。花芽形态分化的速度在果实发育期较慢，果实成熟后分化速度加快。

1. 分化前期(6 月中旬以前)

该时期的花芽生长点狭小，呈小圆锥形，其原分生组织的细胞体积小，形状相似，排列整齐。

2. 分化初期(6 月中下旬至 7 月下旬)

生长点突起，呈半球形，此为花托，此后花托继续伸长增大，其顶部表面渐平坦，呈柱状。

3. 花萼分化期(7 月中旬至 8 月上旬)

在"柱状体"花托的四周出现突起，此突起即为萼片原基。

4. 花瓣分化期(8 月中旬至 8 月下旬)

随着萼片原基的发育，在其内侧基部由花托产生新的突起，即为花瓣原基。

5. 雄蕊分化期(8 月中旬至 9 月中旬)

在花瓣原基内侧基部，花托细胞分裂又形成新的突起，常排列为上下两层，为雄蕊原基。

6. 雌蕊分化期(8月下旬以后)

在雄蕊原基的内侧，花托中央向上出现突起，形成心皮原基，心皮原基继续向上延伸，最后合拢形成雌蕊，此时，可见花萼、花冠、雄蕊群的基部愈合，形成浅杯状花筒。

（四）开花结实

扁桃具有早实性，据研究表明，2年生扁桃植株开花株率达到55%，高接换头树嫁接当年形成花芽，第二年全部开花结果，扁桃树发枝力强，生长迅速，新梢在一年内可抽出二次枝，三次枝，有利于幼树早期形成树冠，也有利于树体更新。新梢因生长状况不同，有结果枝、发育枝和徒长枝之分。扁桃结果初期，以中果枝和短果枝结果为主，生产以后，以短果枝和花束状短果枝为主。

花芽为纯花芽，着生于新梢的叶腋，次年春开花，每芽只开一花。花芽只开花不抽枝。各种枝类顶芽均为叶芽。扁桃花芽容易形成，幼树或旺树花芽多着生于生长充实的长果枝上，老树或弱树多着生于短果枝上。

扁桃是异花结实树种，自花授粉结实率为0~5%，扁桃授粉还需要较高温度，若空气湿度大，气温低，花药不能开裂，使授粉受精不完全，常导致减产。适宜授粉温度是15~18℃，在果园气温降至-1.1℃时，扁桃的子房即受冻害。扁桃品种都需要异花授粉，一般情况下，同一园内要定植2个以上花期基本一致的品种。品种搭配时，主栽品种要结合一个早花品种和一个晚花品种。主栽品种和授粉品种一般搭配为4:1。

扁桃在开花后3~4个月果实成熟。果实发育的第一阶段(40天)，可达到成熟果实长度的95%(即丛径生长)，在第二阶段(40天)，果实长度增长仅5%，开花后72~80天，进入硬核期。在花后83~90天，胚和子叶的扩大生长结束，核仁重量的增加是从开始硬核到果皮开裂即成熟期进行的。扁桃子叶的含水量在成熟过程中由82.1%减少到25%，果实中脂肪积累的速度在果实成熟的前1个月最快。

三、扁桃对环境条件的要求

(一)光照

扁桃喜光忌阴，在光照充足情况下，生长结果状况良好；树冠开张，结果多，品质优。若光照不足，则枝条容易徒长，枝叶过密易引起落花落果，内部短枝落叶早，易枯死，造成树冠内部光秃，结果部位外移，结果少，品质下降，同时易感染病虫害。扁桃全年日照时数以 2500~3000 小时为宜，栽植扁桃时需要依据扁桃的品种特性及当地条件进行适当栽植，并在修剪中注意通风透光。

光照条件也影响花芽分化的质量，光照充足则花芽分化充分，花芽质量高；光照不足则花芽分化不良。据莎车县气象资料，5~10 月平均日照时数在 9 小时/天以上，此期间为生长期主要时期，其中 6~7 月平均日照时数在 11 小时/天以上，此期间为核仁发育、花芽分化时期，能源得到充分满足，花芽分化正常。

(二)温度

扁桃尤其喜欢在冬季较短而气温相对稳定、春季光照充足而没有霜冻和风害、夏季长而干燥炎热的地区生长。整个生长期要求的有效积温(≥10℃)3500~4000℃以上。

扁桃耐高温，在夏季气温为 40℃ 的地区也能良好生长。扁桃有良好抗寒性，在正常发育和充足休眠情况下，能耐 −25℃ 的短期低温，但温度过低，幼树新梢易抽条，在冬季休眠期，气温降到 −30℃，也不易受冻害。

扁桃授粉受精的最适宜温度是 15~18℃，当温度降至 0.2~1.4℃ 时，扁桃花和花芽停止发育，在开放的花中，花药在 4~5 天内不开裂(在适宜的条件下，花瓣开放后大约 4 小时，大部分花药开裂)。在花微开时，如遇天气变冷而在几天内不能开放，就会影响到授粉受精的顺利进行。

扁桃的休眠期短，开花时期较早，一般为 3 月中下旬开花(晚花品种在 4 月上中旬开花）。一旦解除休眠，其抗寒性显著降低，易受霜冻危害。春季温度回升，花芽膨大和开绽，随后天气再变冷时，就会导致冻花冻果。在粉红色花管阶段可忍耐 $-6.6 \sim -3.8℃$，盛花时可忍耐 $-2.2 \sim -1.1℃$（半小时），而幼果期在 $-0.55℃$ 时就会冻死。

不同品种对低温反应不同，但是在花期遇到低温时，不管持续时间多短，产量都会受到影响，所以评价扁桃品种的抗寒性，其中比较重要的一个指标，就是品种的开花期早晚。这一物候特征首先取决于花芽发育的差异性，它决定开花期的早晚和长短，以及受霜冻影响的轻重。因此进行晚花、抗寒品种的选育具有十分重要的意义。扁桃在我国华北、西北地区虽能安全越冬，但花期易受冻，造成大量减产。目前我国山西、甘肃、陕西、山东、河南等省经过数十年的引种试验，已选育出一批晚花品种，缓解了花期受冻对扁桃生产的影响，再配合特殊年份相应的花期防冻措施，可以实现较好地经济效益。

（三）水分

扁桃根系发达，具有很强的抗旱性。在高温、干燥的条件下能够正常生长发育。高温时，扁桃叶片气孔关闭，可降低蒸腾速率，减少脱水，具有良好的保水性，并且叶片中束缚水和自由水的比例较高，其组织结构及生理特性都有利于旱生。

在年降水量 400~600 毫米的地区，即便不进行灌溉，也能正常生长结果。在 6~8 月，当土壤表层含水量降到 5%~6% 时，扁桃树仍能保持良好的生长状态。扁桃对水分的反应是相当敏感的，在雨量充沛、分布比较合理的年份，生长健壮，产量高，果实大，花芽分布充实。

扁桃根系发达，抗旱力强，但在干旱地区，灌溉能提高产量和品质。在我国西北、华北的干旱、半干旱地区要获得较高的产量，适时适量灌溉也是必要的，其灌溉时期主要集中在萌芽期和果实膨大期。扁桃对水分的反应是相当敏感的，在降水总量适当且分布比较合理的年份，扁桃生长健壮，产量高，果实大，且花芽分化正常。在干旱年份，特别是在枝条迅速生长和果实膨大期，如果土壤过于干旱，则会削弱树势，落果严重，果实变小，花芽分化不良，甚至不能形成花芽，导致"大小年"或"隔年结果"现象的发生。果实成熟期湿度过大，会引起扁桃品质下降，因细菌侵入导致果实流胶严重，影响坚果外观和果仁品质。

扁桃根系怕水涝，切忌不透气，否则抑制根系的呼吸作用。据调查，扁桃园积水 3 天以上就会引起黄叶、落叶，时间再长就会引起根系腐烂，直至树体死亡。地下水过高，对扁桃生长不利，根系易腐烂，树体逐渐干枯死亡。因此，应栽植于地下水位在 3 米以下的地块。

（四）土壤与矿质营养

扁桃对土壤适应性强，可广泛用于荒山造林，不仅有经济效益，而且起到荒山绿化和水土保持的生态作用。扁桃喜透气、肥沃的沙壤土。在结构紧实、贫瘠的土壤上生长不良，种仁不饱满，需施有机肥以提高肥力和改善土壤理化性质。

扁桃适宜在弱酸、弱碱、中性的土壤上生长，碱性、酸性土壤会导致扁桃生长发育不良，适宜的土壤 pH 值为 6~7.5。扁桃的耐盐力较强，在总含盐量为 0.1%~0.2% 的土壤中可以生长良好，超过 0.24% 便会发生伤害。

扁桃不同品种、砧木和枝叶位置其矿物质含量和分布情况不同，在栽培上应以氮肥为主，结合使用磷、钾肥，并适当补充微肥。

（五）地势

扁桃喜欢背风向阳的坡地。平地发展扁桃要配置好防护林。要注意选择和利用小气候条件好的地方。气温高，光照足，大风危害少，冻花冻果程度轻，产量稳定，果仁品质好。发展扁桃要避开风口和迎风地带，这样的地方易遭受寒流和大风的侵袭；背光沟谷和洼地，光照不足，冷空气容易聚集，形成霜冻，早春霜冻危害严重，平地发展扁桃要种植好防护林。

（六）其他气象因子

风对扁桃有明显影响。扁桃根系较浅，新疆维吾尔自治区喀什地区春季多风，月平均风速 2.3~3.0 米/秒，定时最大风速 18~23米/秒，大风日数的有 14~18 天，风向西北。由于风的影响，常使树冠偏斜，一般向东南方向偏斜，嫁接枝往往受风折，为减轻或防止风害，需配置防风林带，苗木定植或嫁接时要注意嫁接部位朝迎风方向，嫁接枝生长到一定高度设立固定杆。扁桃为虫花，花期和坐果期出现四级以上风，即为害风，对开花授粉不利。因而，在风口或山顶不适宜建立扁桃产园。扁桃为异花授粉植物，浮尘天气对扁桃花期授粉受精非常不利。另外，冰雹也会对扁桃坐果和产量产生不利影响。

第三章

扁桃种质资源和优良品种

一、中国扁桃属植物资源种类与分布

扁桃属于蔷薇科（Rosaceae）李亚科（Prunoideae）扁桃属（*Amygdalus*），世界上扁桃共有40多个种，中国有6种，其中经济价值最高、栽培最多的只有普通扁桃1种。

（一）普通扁桃

中型乔木或灌木，高2~8米；枝直立或平展，无刺，具多数短枝，幼时无毛，1年生枝浅褐色，多年生枝灰褐色至灰黑色；冬芽卵形，棕褐色。1年生枝上的叶互生，短枝上的叶常靠近而簇生；叶片披针形或椭圆状披针形，长3~9厘米，宽1~2.5厘米，先端急尖至短渐尖，基部宽楔形至圆形，幼嫩时微被疏柔毛，老时无毛，叶边具浅钝锯齿；叶柄长1~3厘米，无毛，在叶片基部及叶柄上常具2~4腺体。花单生，先于叶开放，着生在短枝或1年生枝上；花梗长3~4毫米；萼筒圆筒形，长5~6毫米，宽3~4毫米，外面无毛；萼片宽长圆形至宽披针形，长约5毫米，先端圆钝，边缘具柔毛；花瓣长圆形，长1.5~2厘米，先端圆钝或微凹，基部渐狭成爪，白色至粉红色。雄蕊长短不齐；花柱长于雄蕊，子房密被绒毛状毛。果实斜卵形或长圆卵形，扁平，长3~4.3厘米，直径2~3厘米，顶端尖或稍钝，基部多数近截形，外面密被短柔毛；果梗长4~10毫米；果肉薄，成熟时开裂；核卵形、宽椭圆形或短长圆形，核壳硬，黄白色至褐色，长2.5~4厘米，顶端尖，基部斜截形或圆截形，两侧不对称，背缝较直，具浅沟或无，腹缝较弯，具多少尖锐的龙骨状突起，沿腹缝线具不明显的浅沟或无沟，表面多少光滑，具蜂窝状孔穴；种仁味甜或苦。花期3~4月，果期7~8月。

由于长期栽培的结果，在世界各地产生了不少食用、药用及观赏的类型。供药用及食用者，依种仁味之甜苦，大致可分下列变种。

1. 苦味扁桃

此变种叶片中部较宽；开花期较早，花粉色，花大，中心处暗黑；果实成熟中晚，核壳厚，种仁味苦，供药用及制油用。

2. 甜味扁桃

叶片基部最宽，有时被白粉；花柱长于雄蕊；种仁味甜，供食用。

3. 软壳甜扁桃

本变种核壳薄而脆，易破碎；种仁味甜，供食用，可作甜杏仁的代用品。

（二）矮扁桃

灌木高1~1.5米；枝条直立开展，具大量缩短的小枝，1年生枝灰白色或浅红褐色，无毛，多年生枝浅红灰色或灰色。短枝上之叶多簇生，长枝上之叶互生；叶片狭长圆形、长圆披针形或披针形，长2.5~6厘米，宽0.8~3厘米，先端急尖或稍钝，基部狭楔形，两面无毛，叶边具小锯齿，齿端有腺体；叶柄长4~7毫米，无毛。花单生，与叶同时开放，直径约2厘米；花梗长4~8毫米，被浅黄色短柔毛；花萼外面无毛，紫褐色；萼筒圆筒形，长5~8毫米；萼片卵形或卵状披针形，长3~4毫米，边缘具小锯齿；花瓣为不整齐的倒卵形或长圆形，长10~17毫米，先端圆钝或有浅凹缺，基部楔形，粉红色；雄蕊多数，短于花瓣；子房密被长柔毛，花柱与雄蕊近等长。果实卵球形，直径1~2.5厘米，外面密被浅黄色长柔毛；果梗长7~9毫米；果肉干燥，成熟时开裂；核卵球形或长卵球形，长1~2.2厘米，宽1~1.7厘米，两侧扁平，腹缝肥厚而较弯，背缝龙骨状，顶端圆钝而有小突尖头，基部稍偏斜，两侧不对称，表面近光滑，有不明显的网纹。花期4~5月，果期6~7月。

产地新疆（塔城）。生于干旱坡地、草原、洼地和谷地，海拔1200米。东南欧、西亚、前苏联中亚和西伯利亚均有。

本种抗寒耐旱，适应性强，可作育种的原始材料，又是早春美丽的观赏灌木。种仁含有苦扁桃油，可供医药上用。

此种和扁桃 A. communis 相近，但后者为中型乔木或灌木，高2~8米；叶柄长 10~20（30）毫米；果实斜卵形或长圆卵形，密被短柔毛；核具蜂窝状孔穴。

（三）西康扁桃

密生小灌木，高 1~2（4）米；枝条开展，有刺；小枝灰褐色，无毛，具多数不明显小皮孔。短枝上叶多数簇生，1 年生枝上叶常互生；叶片长椭圆形、长圆形或倒卵状披针形，长 1.5~4 厘米，宽 0.5~1.5 厘米，先端圆钝至急尖，有小尖头，基部楔形，两面无毛，上面暗绿色，下面浅绿色，叶边有圆钝细锯齿，侧脉 5~8 对；叶柄长 5~10 毫米，无毛。花单生，直径约 2.5 厘米；花无梗或近无梗；花萼无毛；萼片长椭圆形，有不明显的细锯齿；花瓣倒卵形；雄蕊约 30，分两轮。果实近球形或卵球形，直径 1.5~2 厘米，紫红色，外面密被柔毛，近无梗；果肉薄而干燥，成熟时开裂；核近球形，直径 1.3~1.8 厘米，顶端稍钝，基部近截形，腹缝扁而宽阔，表面具不明显浅沟纹，无孔穴。花期 4~5 月，果期 6~7 月。

产于甘肃南部和四川西北部。生于山坡向阳处或溪流边，海拔1500~2600 米。

此种可供观赏。它和蒙古扁桃 A. mongolica 相近，区别在于后者小枝被短柔毛；叶片宽椭圆形、近圆形或倒卵形，长 8~15 毫米，侧脉4 对；果实较小，直径约 10 毫米。

（四）蒙古扁桃（Amygdalus mongolica）

灌木，高 1~2 米；枝条开展，多分枝，小枝顶端转变成枝刺；嫩枝红褐色，被短柔毛，老时灰褐色。短枝上叶多簇生，长枝上叶常互生；叶片宽椭圆形、近圆形或倒卵形，长 8~15 毫米，宽 6~10 毫米，先端圆钝，有时具小尖头，基部楔形，两面无毛，叶边有浅钝锯齿，侧脉约 4 对，下面中脉明显突起；叶柄长 2~5 毫米，无毛。花单生稀数朵簇生于短枝上；花梗极短；萼筒钟形，长 3~4 毫米，无毛；萼片长圆形，与萼筒近等长，顶端有小尖头，无毛；花瓣倒卵形，长 5~7 毫米，粉红色；雄蕊多数，长短不一致；子房被短柔毛；花柱细长，几乎与雄蕊等长，具短柔毛。果实宽卵球形，长 12~15 毫米，宽约 10 毫米，顶端具急尖头，外面密被柔毛；果梗短；果肉薄，成熟时开裂，离核；核卵形，长 8~13 毫米，顶端具小尖头，基部两侧不对称，腹缝压扁，背缝不压扁，表面光滑，具浅沟纹，无孔穴；种仁扁宽卵形，浅棕褐色。花期 5 月，果期 8 月。

产于内蒙古、甘肃、宁夏。生于荒漠区和荒漠草原区的低山丘陵坡麓、石质坡地及干河床，海拔 1000~2400 米。蒙古也有分布。

此种为旱生灌木，种仁榨油可供药用。

（五）长柄扁桃（*Amygdalus pedunculata*）

灌木，高 1~2 米；枝开展，具大量短枝；小枝浅褐色至暗灰褐色，幼时被短柔毛；冬芽短小，在短枝上常 3 个并生，中间为叶芽，两侧为花芽。短枝上之叶密集簇生，1 年生枝上的叶互生；叶片椭圆形、近圆形或倒卵形，长 1~4 厘米，宽 0.7~2 厘米，先端急尖或圆钝，基部宽楔形，上面深绿色，下面浅绿色，两面疏生短柔毛，叶边具不整齐粗锯齿，侧脉 4~6 对；叶柄长 2~5（10）毫米，被短柔毛。花单生，稍先于叶开放，直径 1~1.5 厘米；花梗长 4~8 毫米，具短柔毛；萼筒宽钟形，长 4~6 毫米，无毛或微具柔毛；萼片三角状卵形，先端稍钝，有时边缘疏生浅锯齿；花瓣近圆形，直径 7~10 毫米，有时先端微凹，粉红色；雄蕊多数；子房密被短柔毛，花柱稍长或几与雄蕊等长。果实近球形或卵球形，直径 10~15 毫米，顶端具小尖头，成熟时暗紫红色，密被短柔毛；果梗长 4~8 毫米；果肉薄而干燥，成熟时开裂，离核；核宽卵形，直径 8~12 毫米，顶端具小突尖头，基部圆形，两侧稍扁，浅褐色，表面平滑或稍有皱纹；种仁宽卵形，棕黄色。花期 5 月，果期 7~8 月。

产于内蒙古、宁夏。生于丘陵地区向阳石砾质坡地或坡麓，也见于干旱草原或荒漠草原。蒙古和苏联西伯利亚也有。

此种为中旱生灌木，耐寒，可供观赏用。种仁可代"郁李仁"入药。

本种和榆叶梅 A. triloba 近缘，但灌木较矮小，高仅 1~2 米；叶片先端常不分裂，边缘具不整齐粗锯齿；核宽卵形，顶端具小突尖头。

榆叶梅（*Amygdalus triloba*）

灌木稀小乔木，高 2~3 米；枝条开展，具多数短小枝；小枝灰色，1 年生枝灰褐色，无毛或幼时微被短柔毛；冬芽短小，长 2~3 毫米。短枝上的叶常簇生，1 年生枝上的叶互生；叶片宽椭圆形至倒卵形，长 2~6 厘米，宽 1.5~4 厘米，先端短渐尖，常 3 裂，基部宽楔形，上面具疏柔毛或无毛，下面被短柔毛，叶边具粗锯齿或重锯齿；叶柄长 5~10 毫米，被短柔毛。花 1~2 朵，先于叶开放，直径 2~3 厘米；花梗长 4~8 毫米；萼筒宽钟形，长 3~5 毫米，无毛或幼时微具毛；萼片卵形或卵状披针形，无毛，近先端疏生小锯齿；花瓣近圆形或宽倒卵形，长 6~10 毫米，先端圆钝，有时微凹，粉红色；雄蕊约 25~30，短于花瓣；子房密被短柔毛，花柱稍长于雄蕊。果实近球形，直径 1~1.8 厘米，顶端具短小尖头，红色，外被短柔毛；果梗长 5~10 毫米；果肉薄，成熟时开裂；核近球形，具厚硬壳，直径 1~1.6 厘米，两侧几不压扁，顶端圆钝，表面具不整齐的网纹。花期 4~5 月，果期 5~7 月。2n = 64。

产于黑龙江、吉林、辽宁、内蒙古、河北、山西、陕西、甘肃、山东、江西、江苏、浙江等地。生于低至中海拔的坡地或沟旁乔、灌木林下或林缘。目前全国各地多数公园内均有栽植。前苏联中亚也有。

本种开花早，主要供观赏，常见栽培类型如下：①重瓣榆叶梅 f. *multiplex*（f. *plena*）花重瓣，粉红色；萼片通常 10 枚。②鸾枝（群芳谱），俗称兰枝 var. *petzoldii* 花瓣与萼片各 10 枚，花粉红色；叶片下面无毛。

二、扁桃优良新品种

（一）国外主要品种

1. '普瑞斯'（'Price'）

树势中庸，树姿半开张，树皮灰褐色，以小短枝结果为主，4 月开花，5 月上旬坐果，8 月底果实成熟。叶披针形，叶尖渐尖，叶基楔形，叶缘波浪形，叶色绿，叶脉明显。花白色，花瓣边缘浅玫瑰红色，花瓣 5 片，花冠较大，花粉少，有交替结果现象，需配置授粉树。果实大，平均单果质量 13.60 克，最大单果质量 21.05 克，坚果长 4.75 厘米，宽 3.22 厘米，壳厚 1.28 毫米，微扁圆柱形，果皮为灰褐色，缝合线明显。单仁平均质量 1.77 克，湿出仁率 39.11%，干出仁率 62.30%，双仁率为 60%。

2. '那普瑞尔'（'Nonpareil'）

美国加州的扁桃主栽品种，占美国扁桃产量的 50% 以上。树体及树势强健，树姿直立，萌芽力强，成枝力中等。栽植之后第二年开花结果，幼树以生长健壮的中果枝结果为主，进入初盛果期，以短果枝结果为主，叶色蓝绿色，1 年生枝条为蓝绿色。4 月中旬开花，5 月底结果，9 月中旬果实完全成熟。果核长 3.13 厘米，宽 1.59 厘米，均重量 1.55 克。果实较大呈肾形，平均单果重量 16 克，果实缝合线中深，果面有茸毛，果皮浅绿色；果核呈扁卵形，核尖钝尖，核纹较少，核面无纤维，平均单核重量 2.90 克，出仁率 65%，仁饱满，平均单仁重量 1.25～1.50 克，味甜郁香，颜色为淡褐色。

3. '加利福尼亚'（'Califovnia'）

树势强健，树姿半开，50.0%，发枝率 52.26%。长果枝占 15.30%，短果枝占 52.04%，中果枝占 26.53%，徒长枝占 6.12%。花、叶芽比为 0.62:1，单、复花芽比为 3:1，花芽起始节为在 3～4 节上，坐果率 30.30%。果实中等大，扁椭圆形，平均单核鲜重量 4.05 克、干重 1.68 克，仁重量 1.21 克，双仁率 5%。花粉少，自花结实率低，需培植授粉树。

4.'那普拉斯'('Neplus')

又名尼普斯，是那普瑞尔的优良授粉品种。树势较开张，枝条上部多弯曲，叶色为黄绿色，1年生枝条也为黄绿色。果实较小，果核长4.06厘米，宽2.24厘米，均重量3.21克，果仁平均重量1.44克，出仁率为44.9%，双仁率为30.3%。

5.'蒙特瑞'('Monterey')

树势中庸，树势半开张，以中短果枝结果为主，4月初开花，9月下旬成熟，自花结果率低，需配置授粉树。坚果长4.77厘米，宽2.61厘米，平均单果重量14.75克，最大单果重量22.36克；果壳厚1.20毫米，硬度适中；果仁长2.99厘米，宽1.42厘米，平均单仁重量1.68克，出仁率56.80%。果壳软，结果早，产量较高。

6.'披利斯'('Peerless')

又名培利斯，树势中等，树姿半开张，萌芽率64.70%，发枝率36.36%，幼树以长果结果为主，4月上旬开花，4月下旬结果，9月中旬果实成熟，为中熟品种，是那普瑞尔良好的授粉品种。果实大，坚果长4.31厘米，宽2.97厘米，平均单果重量16.15克，最大单果重量24.00克；果壳2.16毫米，平均单仁重量1.66克，出仁率56.70%。

7.'美森'('Mission')

又名尼普沃，也叫弥深。树体开张，树势直立，长势健旺，属短枝结果型，叶片披针形，叶色为绿色，1年生枝淡绿色。4月初开花，9月中旬果实成熟，其和那普瑞尔是良好的授粉组合。果仁小，果核长3.03厘米，宽2.10厘米，均重量为2.53克，果仁均重量为1.15克，外壳很硬，出仁率40%~45%，双仁率为6.3%。

8.'扶兹'('Fritz')

树势强健，树姿较开张，萌芽力和成枝力强，幼树以中长果树结果为主，随树龄增长，中短果枝逐年增多且有少量花束状果枝，坐果率达34.20%。4月中旬开花，5月上旬结果，9月中旬果实完全成熟。果实较大呈扁圆形，平均单果重量 16.50 克；果核扁卵形，褐色，核面无纤维，裂核率高达 45%，平均单核重量 3.50 克；出仁率较高，核仁较大，平均单仁重量 1.30~1.40 克，风味香甜。

(二)国内主要品种

1. 纸皮

树姿较直立，枝条树皮呈淡黄色，以小短果枝、褐短果枝结果为主，较丰产，叶大，黑绿，似柳叶状呈阔椭圆形，叶缘平展，3 月底展叶。花白色，一般 3 月下旬开花，属开花较早的品种之一，4 月底坐果，7 月下旬果实成熟，早熟品种之一，10 月底落叶。自花不孕，需配置授粉树。坚果较大，长 4.48 厘米，宽 1.97 厘米，壳厚 0.12~0.14 厘米。坚果长半月形，露仁，先端尖，褐色，核仁味香甜，壳薄手捏即裂，500 克有果 375~560 个，出仁率 43.5%~48.7%。

2. 双软

树势直立，树皮略黑，以短小结果为主，花芽 2~4 个，单花芽。花白色，3 月下旬开花，4 月下旬坐果，7 月底果实成熟。有大小年现象，产量不稳。叶浓绿较小，叶缘平展。3 月底展叶，11 月初落叶。自花不孕，需配置授粉。坚果长 2.87 厘米，宽 1.85 厘米，壳厚 0.14 厘米。坚果圆球形先端尖，果白略带褐色，核仁香甜，经济价值高。500 克坚果 360 个左右，核面孔点较多而浅，平均出仁率 55.7%~63%，双仁率占 80%。

3. 晚丰

树姿较开张，树皮色，以短果枝结果为主，属开花较晚的品种之一。3 月底开花，4 月下旬坐果，8 月上旬果实成熟。叶绿，较小，阔披针形，3 月底展叶，10 月底落叶。自花不孕，需配置授粉树。坚果长 2.8 厘米，宽 1.6 厘米，壳厚 0.17 厘米。先端尖，椭圆形，浅褐色，核仁味甜，核面孔点小而浅，出仁率 43.8%。

4. 双果

树形"垂柳形"，树皮呈褐色，以小短果枝和短果为主，每果枝着生花芽2~4个。花淡粉红色，雌蕊多数两枚并发育形成双果，产量高。3月底开花，4月坐果，8月上旬果实成熟。叶绿，长椭圆披针形，叶略扭曲。3月底展叶，11月初落叶，有一定自花结实率，但需要配置授粉树。坚果较大，长4.6厘米，宽1.8厘米，壳厚0.18厘米。果面"S"扭曲形，先端扁，淡褐色略发白，核仁味香甜，核面孔点密而深，出仁率平均30%，500克坚果245个。有流胶现象。

5. 早熟薄壳

树势中强，树姿直立，8月上旬成熟。坚果较大，长半月形，褐色；果仁重0.41~0.658；薄壳，壳厚0.12~0.14厘米；味甜欠香，果仁味香甜，核倒卵圆形，重量1.3克，出仁率43%~48%，壳薄，含油量57%，多单仁。该品种主要产于新疆喀什地区，丰产、优质。

6. 纸壳4号

树势中庸，树姿开张，8月下旬成熟，产量较高。壳果半月形，暗褐色，果中大，半月形，淡褐色，核重量2.1克，仁重量1.1克，出仁率50%，多单仁。壳薄，含油量56%，味香甜。该品种产量较高、抗性强，适应性广，为我国新疆主栽品种。

7. 鹰嘴

树势开张，树皮灰白色，以短果枝结果为主，属开花最早的品种之一，花期与晚丰相同，3月下旬开花，4月下旬坐果，8月上旬果实成熟。叶绿，长披针形，叶尖向基部弯曲。3月底展叶，11月初落叶。自花不孕，需配置授粉树。坚果长半月形，较大，长3.4厘米，宽1.6厘米，壳厚0.1厘米。坚果扁尖，褐色，核仁味甜。

8. 薄皮大巴旦

树姿直立，果实8月下旬成熟。坚果较大，宽半月形，黄白色；果仁重量0.9克左右，双仁率60%左右，壳厚0.13厘米，出仁率50%左右。该品种主产于新疆英吉沙、叶城等地。

9. '晋扁一号'

为山西农科院果树研究所用意大利引进的优良品种Supernova进

行实生选种选出。幼树生长势强，树姿直立，以短果枝结果为主，萌芽率74.8%，成枝力65%，在山西中部地区，3月下旬花芽萌动；4月上中旬开花，8月底果实成熟；11月初落叶。树皮为灰褐色，叶深绿色，长椭圆状披针形，花为淡粉红色，单生或双生，花瓣6枚。果实半月形，灰绿色，坚果长42.9毫米，宽27.3毫米。果核半月形，浅黄褐色，表面光滑有较深孔点，果仁饱满且风味香甜。壳厚0.18厘米，平均坚果重量3.5克，仁重量1.6克，出仁率45.7%，双仁率3.2%。

10. '晋扁二号'

山西农科院果树研究所用意大利引进的优良品种 Tuono 进行自然实生选出的扁桃新品种。树姿直立，树干为深灰色，具不规则纵裂，枝条叶片深灰色，长椭圆状披针形，先端渐尖，叶缘钝锯齿，叶表面光滑无毛。花芽长椭圆形，钝尖，基部圆形，外被褐色革质鳞片，花为淡粉红色，花瓣5片。以短果枝及花束状果枝结果为主，自花结实。在山西中部，4月上中旬开花，4月中旬展叶，9月下旬果实成熟。果大，果仁重，坚果长3.97厘米，宽2.39厘米，壳厚0.22厘米，均仁重量1.60克，均核重量4.00克，出仁率为40.0%。

11. '晋扁三号'

树体性状树势强，树姿半开张。萌芽率高，成枝力中等，以短果枝及花束枝结果为主。4月上中旬开花，果实8月下旬成熟，属晚花品种。需配置授粉树，与'晋扁1号''晋扁2号''晋扁4号'互为授粉树。7年生树平均株产2.0千克，13年生株产4.8千克，丰产：抗寒、抗旱、耐盐碱、耐薄、抗病虫。坚果性状坚果中等，圆形，核面浅褐色，孔点较深，厚0.28厘米。平均坚果重量3.20克，单仁重量1.07克，出仁率3.36，双仁率低。核仁近圆形，均匀、饱满，味香甜。

12. '晋扁四号'

树体性状树势强，树姿较直立。萌芽率高，成枝力强，以短果枝及花束状果枝结果为主，短果枝连续结果能力强。4月初开花，果实8月底到9月初成熟，属大仁晚花品种。需配置授粉树，与'晋扁1号''晋扁2号''晋扁3号'互为授粉树。7年生树平均株产2.0克，13年生株产4.2千克，丰产：抗寒，抗旱，耐盐碱，耐薄，抗病虫。坚果性状，坚果大，扁半月形，果翼较明显，核面浅褐色，孔点较深，亮厚0.26厘米，平均坚果重量4.11克，单仁重量1.62克，出仁率39.4%，双仁率低，核仁味香甜。

13.'晋薄一号'

山西省果树所选育，在山西南部地区4月初开花，8月初果实成熟；属早熟品种。6年生树平均亩产坚果44千克。抗寒、抗旱，耐盐碱，耐瘠壳。薄壳，壳厚0.12厘米；坚果属椭圆形，平均坚果重量12克，单仁重量0.79克，出仁率71%。基本无双仁。核仁味甜香。与'晋扁一号'互为授粉树。

第四章

扁桃园的建立

一、建园

扁桃适应性强，根系发达，耐旱、耐瘠薄，不耐涝，喜光，比较耐寒，适宜在我国北方干旱、半干旱的西北、华北地区栽培。园地要选择适宜栽培区域，分析不同地区土壤、温度、水分、光照、灾害气象因子等对扁桃生长结实的影响。

(一)园地选择

1. 土壤

扁桃对土壤要求不严，以土层深厚、土质好、土壤酸碱度(pH值)在6~7.5之间的肥沃沙质土或壤土上建园最为理想。在土层较薄的黏土、酸性土壤或过盐碱的土壤上不宜栽植。

平地建园时，切忌在地下水位过高、土壤黏重、排水不良的地块栽植。扁桃重茬反应较为敏感，在重茬地栽植，表现生长衰弱、产量低、病虫害严重、树体寿命短，因而应避免与桃、杏、李等核果类果树连茬种植。

2. 温度

扁桃开花较早，花期比杏稍晚。扁桃花期能忍耐 -5.0 ~ -3.0℃的短暂低温；据美国报道，扁桃盛花期能忍耐 -22 ~ -11℃的短暂低温，而幼果在 -0.5℃时就会冻死。在我国北方大多数地区，早春温度回升快、温差大且极不稳定，扁桃花果易遭冻害。因此，山地沟谷建园时切忌在山顶、迎风口及陡峭阴坡处栽种，以山体中下部避风向阳的南坡或开阔的谷地建园为宜。

3. 水分

扁桃耐旱，在新疆喀什地区（年降水量 70 毫米）适时灌溉可正常生长结实。扁桃怕涝、不耐水淹，不宜在易积水的地块栽植。在积水地块树体表现黄叶、早期落叶甚至死亡等症状。建园时应首先避开低洼地，选择土层深厚、排水良好的地块。

4. 光照

建园时应考虑当地的光照条件。扁桃喜光，全年日照时数应达到 2500～3000 小时以上。建园时应尽量选择避风向阳的南坡地、平缓北坡地、开阔谷地及平地。

5. 其他因子

扁桃花为虫媒花，大多为异花授粉。为避免花期大风和沙尘天气对正常授粉受精的影响，切忌在山顶、迎风口等地块和半荒漠化地区建立优质扁桃生产园。在风沙较大的地区应设置防风林，可确保高产稳产，也可避免树冠偏移、倾斜。

（二）园地规划

园地规划主要指园地道路、田区划分、各种辅助设施的配置等。规划设计是否合理，直接影响以后的田间管理工作。设计前要实地勘察地形，并对当地的土质、生态环境、水文资料、季节风向、历年气象资料等情况进行调查。规划面积较大的扁桃园，最好有航拍图，同时测绘地形平面图，为道路、灌溉、排水系统的规划设计提供便利。

1. 大小区规划

根据园地的大小、走向，结合路、林、渠等永久性基础设施建设，可将扁桃园分为若干大区和小区。大区以林带划分，小区以支路、支渠划分。在一个总体园内，扁桃树栽植面积应占全园总面积的 80%～85%，防护林地占 5%，道路用地占 5%。房屋、农具棚、水池、水渠、粪池等用地占 3%～5%，绿肥用地占 3%；贮藏库、养蜂场、猪场、贮藏及加工等用地占 3%。根据地形、地势因地制宜地划分小区。小区多为长方形，长宽比为 2∶1 或 3∶2。

2. 道路规划

道路系统规划要结合地形、灌溉系统规划等进行设计。道路分主路、支路、作业道三级。田区是整个园地中的管理耕作单位，大面积栽植方法主要采用沟植沟灌，10公顷以上的扁桃园，幼树期行间可间作农作物或蔬菜，需设计两条主干道及若干支路、作业道。支路、作业道均与主道垂直相交，面积2~3.4公顷的果园，一般主道宽8米，支路4~6米，作业道2~4米，道路纵向坡度不应超过9°，若超过时应呈"S"形盘旋上升，尽量减缓坡度，道路规划要利于园区作业，利于机械及畜力耕作，适应大面积管理的需要，并方便采收运输。

3. 防护林规划

防护林可以改善果园生态条件，降低风速，减少风害，调节温度，增加湿度，防止雪灾，减轻冻害，确保扁桃正常生长发育，提高坐果率。特别是山地和坡地及春季多风地区，防风林的设置还可发挥保持水土、减少地表径流、防止土壤冲刷等作用。

山坡地扁桃园主林带应尽量分布在分水岭和沟边，用乔、灌木混合配置，每条林带应栽植3~5行。中间栽植高大的速生乔木，栽植株行距为1米×1~2米，树体长大后，需进行间伐。两边栽植生长较慢的落叶松、柳树和各种灌木带等2~3行。林带应距离扁桃树20米左右，既起到挡风作用，又不影响扁桃生长和结果。常用的乔木类树种有杨树、泡桐、刺槐、榆树、旱柳、桑树、山杏等；常用的灌木类树种有紫穗槐、榆叶梅、枸杞、酸枣等树种。林带栽植应在扁桃定植前1~2年进行。

4. 水土保持体系规划设计

山地扁桃园要修筑梯田，变坡地为台地，梯田界面陡度一般不超过15°，超过15°的地块可采用挖鱼鳞坑、增加植被、采用免耕法等方法，减少水土流失。

5. 灌溉排水系统规划设计

地形低洼的地块和平地，在降水量较多的年份，地表径流过多，雨季冲刷严重，形成土壤过湿地形低洼地块，必须进行园区排水，排水有明沟排水和暗沟排水两种。山地扁桃园宜用明沟排水，排水沟比降一般为 3%～5%，暗沟排水是在地下埋置暗管而形成排水系统，将地下水降到要求的高度暗沟深度为 0.8～1.5 米。

二、栽植

(一)主栽品种选择

品种选择是扁桃发展的关键环节，品种选择得当，就可以达到丰产、优质高效益的目的，反之，由于坐果低或品种不适应，就会造成很大损失。扁桃开花早，易遭晚霜危害，我国北方大多数地区发展扁桃应选择晚花、高产、优质的品种。主栽品种应适应栽植地自然、地理及气候条件，同时要求品质好、产量高、商品性好、有较好的市场前景。

(二)授粉品种选择和配置

扁桃大多数品种自花不实，坐果率低，少量自交亲和的品种其坐果率为 1.7%～18.5%，远远达不到生产要求，而异品种授粉坐果率高，混合授粉可以提高坐果率，需合理配置适宜的授粉品种。配置好授粉品种，要注意花期相同的品种混合栽植，不同品种配置成授粉组合。扁桃开花较早，气候条件常不利于授粉，定植建园时必须严格选择和配置授粉树，要选择的授粉品种抗冻能力强且与主栽品种花期一致，并具有花粉量大、生活力强、亲和力好、经济效益较高的特性，以提高坐果率。配置比例一般为 1～4:1。扁桃生产园授粉品种至少应有 2～3 个，确保主栽品种在花期完全授粉受精。主栽品种和授粉品种可分行定植，每隔 1～4 行配置 1 行授粉树。

(三)苗木准备

建园时，选用半成苗(芽苗)、成苗均可。利用芽苗建园，可节省 1 年的成苗培育期，且幼树可提早整形，但需保留一些预备苗用于补栽。采用成苗定植，整形带内应有较多未萌发的叶芽，定干后易发出强旺枝，利于培养树形。苗木质量是建园成败的关键。要选择品种纯正、整齐一致、根系发达、无机械损伤、无病虫害的1年生一级大苗、壮苗（成苗）。要求苗高1米以上，嫁接处干径0.8~1.0厘米，主根长25~30厘米，侧根5条以上，不短于15厘米，且分布均匀，苗木无病虫害或检疫对象，品种纯正，杂株率不超过3%。

（四）栽植时期

扁桃栽植分秋栽和春栽。

秋栽是在树体落叶后至土壤封冻前进行。秋季定植的扁桃树，根系伤口愈合早，次年生长发育也早，苗木长势旺。在冬季较为寒冷地区需注意防寒越冬和预防早春抽条，定植第一年埋土越冬对预防抽条效果明显。

春栽是在土壤解冻后至苗木萌芽前进行。栽植过迟，树液流动或叶芽萌发较迟，以及土壤干旱等原因，对幼树成活和生长不利。在干旱地区定植后要及时浇水，最好能覆盖地膜。

（五）栽植密度与方式

扁桃为喜光树种，不耐阴，树冠下部枝条易枯死，栽植不可过密，同时要根据土壤肥沃程度、品种、树冠大小、气候条件、栽培管理模式来确定栽植密度。在我国扁桃主产区新疆喀什地区采用大冠稀植的林粮间作模式，栽植密度75~150株/公顷；近年来，为实现扁桃早果丰产而发展的小冠密植生产园，株行距为4米×6米。在地势平坦、土层深厚、肥力较高和有灌溉条件的地块，栽植密度应小些。在山地、坡地、滩涂、丘陵、旱垣地、复垫地、肥力差、土壤瘠薄地及戈壁沙滩地栽植密度可大些，另外，不同品种因树冠大小不同，栽植密度也有所差异。

栽植时可采用长方形、正方形、三角形和带状（双行）定植。坡地、丘陵地采用等高线栽植。为充分利用光能，要根据立地条件规划定植行走向，一般以南北行为主。平地采用长方形或正方形栽植，梯田地根据梯田宽度确定栽植行数，窄梯田栽1行，栽植位置位于梯田外沿1/3处，宽梯田不足2行时可错位定植。

（六）栽植技术

1. 放线

定植前根据园区地形用标杆、测绳拉线，用白石灰标好株行距和定植点，然后以点为中心开垄沟、挖通槽或坑。整园要拉一线，必要时拉纵横线。山地、丘陵地要等高、垂直放线，随地形坡度的升高，栽植密度应适当减少。

2. 挖坑

在开垄沟栽植时，开沟深度应达 60~80 厘米，沟深要均匀。挖定植穴栽植时，穴体大小以 80~100 立方厘米为宜，将表土与新土分放两侧，回填时将表土先填入穴底，分层踏实，上部再填入新土，至离地面 20~25 厘米时为止，踏实成中间略高、四周略低的馒头状土堆。在旱地栽植时要随挖随栽，防止跑墒。在有灌溉条件的地块建园时，挖坑宜早。挖坑应秋栽夏挖或春栽秋挖，便于土壤灭菌消毒。

3. 施肥

栽植前在定植坑内放入一些腐熟有机肥。株施优质有机肥 50~100 千克、过磷酸钙 0.5 千克，肥料和表土均匀混合，开垄沟时施入。穴栽时将肥料与表土充分混合，土肥比应为 6:4。取其一半施入坑底，呈丘状。黏质土宜施渣肥，硬碱土加醋糟，可改良土壤。地下害虫多时要加入杀虫剂。

4. 定植

栽植时要"栽两头，看中间，排下行"。把所栽苗木的根系全部放入坑内，并使根系均匀自然地伸展在坑底土丘上，根系勿盘结，并使嫁接口朝迎风向，然后将苗木扶直，填土，边回填边踩实，并提苗顺根，使根系与土壤紧密接触，直至略高于地表。苗木埋土深度以略高于原埋土痕迹并低于嫁接部位为宜，并在苗木四周围起灌水圈。栽植过浅，根系裸露，成活率低；栽植过深，树体萌芽晚，生长势弱。栽植实生苗时要求根茎与地面持平或略低于地面 2~3 厘米，定植的芽苗在春季萌芽时要及时剪砧、解包扎物，并及时抹除砧木萌芽,以促进接芽萌发生长。

5. 浇水、覆膜

挖好定植坑后可灌水踏填,晾置 1~2 天后,定植苗木效果较好。定植苗木后及时灌水并覆膜,以利于提高地温并保墒,促进根系生长和缓苗。覆膜时要用土压实地膜边缘,以防大风吹开。为节约用水和有效用水,在水资源短缺的地方栽种扁桃时,可将少量水集中浇在根系密集分布区,覆土后将树干周围修成倒漏斗状,上覆地膜,以保湿增温、提高成活率。

(七)定植苗管理

1. 检查成活并补栽

定植 10 天后,要及时检查成活率并补栽,若再浇一次水则缓苗效果更好。

2. 定干

栽植后需及时定干。定干时要求整形带内有较多健壮芽,定干高度主要由栽植密度决定。扁桃密植园定干要低,应在 50~60 厘米内的饱满芽上方剪截,扁桃稀植园定干高度应在 60~80 厘米以上。定干后剪口下需留 6~7 个饱满芽作为整形带,用于培养主枝,剪口用石蜡或油漆封口,以防枝条失水抽干。

3. 越冬保护

冬季寒冷地区,秋季定植苗越冬前要埋土防寒或束草保温,也可涂白后束草防寒,整个树干全部包起来,到次年 3 月中下旬至 4 月上旬分 2~3 次分批放苗。也可采用枝干上喷 100~150 倍羧甲基纤维素稀释液或 100 倍聚乙烯醇或涂抹熟猪油等方法,减少枝条水分损失。

4. 预防春季虫害

在虫害严重的地区,可于发芽前在整形带处扎一个塑料薄膜筒,开口朝上,可防止金龟子、大灰象甲等害虫上树啃芽,待芽长出 1 厘米左右时即可去袋,去袋前 3~5 天先开孔通风,以降温降湿。

第五章

扁桃苗木繁育技术

幼苗期是扁桃树体生命周期中最幼嫩阶段，最易受到外界不利环境影响，因此，育苗时要尽量为苗木生长提供良好的环境条件。育苗前要仔细调查苗圃地的土壤、气候等方面，因地制宜地加以选择和利用土地资源。

一、苗圃地建立

（一）苗圃地的选择

1. 地点选择

苗圃地应尽量设在苗木需求中心地，这样既能减少长途运输过程中因苗木失水而导致苗木质量降低，又可借助苗木对育苗地自然生态条件的适应性，确保苗木栽植成功。其次，苗圃地要求交通便利，靠近公路，便于运输苗木和生产物资。再次，苗圃地应尽可能靠近农业科研单位和大专院校，以利于及时获得先进的技术指导和获取最新品种信息及发展动态，并且有利于苗木信息传递和销售等。最后，还要注意苗圃地附近不能有排放大量煤烟、有毒气体及废料的工厂等，避免苗木受到污染和影响。

2. 地形、地势及坡向

苗圃地宜选在背风向阳、排水良好、土层深厚、地势较为平坦的开阔地带，坡度以 1°~3°为宜。坡度过大，容易造成水土流失，土壤肥力下降，而且不利于田间操作和灌溉。

3. 土壤

土壤质地一般以土质疏松、通气良好、有机质含量较高的沙壤土、壤土为宜，过于黏重的土壤，通气和排水不良，不利于砧木种子的萌发，且病害较多；沙土地保水保肥力差，苗木易早衰，其生长发育受到抑制，夏季高温时根系易受热害。

4. 排灌条件

苗圃地以排灌条件较好地块为宜。首先，种子萌发和幼苗生根都需要土壤保持湿润，适时适量灌溉，方能培育出健壮种苗；幼苗根系分布浅，灌水过多或排水不良，导致耐旱力降低，病害发生。

（二）苗圃地准备

育苗前要做好准备工作。对苗圃地进行深翻，播种前再中耕、细耙1次，以蓄水保墒。

1. 整地

结合秋季或播种前的深翻和中耕，亩施2000千克腐熟有机肥，并混匀。然后耙平，做畦。畦宽1米、长10米，埂高10～15厘米、宽20厘米。

2. 消毒

土壤中存在有大量的杂草种子、根系残留及线虫、各种真菌、细菌等，可造成苗圃地杂草多、苗木病害严重，影响苗木生长发育。在育苗前需要进行土壤消毒，常用方法有高温消毒和药剂消毒。

高温消毒是在苗圃地表面焚烧秸秆等杂物，通过土壤表层加热而达到杀灭杂草和病菌的目的。药剂处理是利用一定浓度杀菌剂或杀虫剂喷洒或撒毒土的方法处理苗圃地土壤，并用塑料膜密封，从而进行土壤消毒。常用3%的硫酸亚铁溶液4.5千克/平方米喷洒，或者用2%硫酸亚铁溶液9升/平方米直接浇灌，也可用50毫升的福尔马林加水120～240倍喷洒，防治立枯病和其他土壤病害，也可以用70%五氯硝基苯6克，拌5～10克辛硫磷并拌适量细土均匀撒在苗床上，可防治立枯病和地下害虫。

二、砧木苗培育

（一）采种

砧木种子用巴旦杏、厚壳巴旦杏、桃（普通桃）、新疆桃。优良种子要求外观饱满、大小均匀、有光泽、无霉变、胚和子叶呈乳白色、不透明、有弹性。采摘时应挑选种仁充实、饱满、整齐一致、发育正常且无病虫危害的果实，同时在大多数果实完全成熟时进行采摘。采扁桃应在果皮已有 30%~50% 开裂时采收为好。为保证种子质量，种用扁桃比商品扁桃晚采 5~7 天，除去果肉、杂质，将种子洗净晾干，置阴凉通风处，种子净度 95% 以上。

（二）种子处理

1. 秋播种子

播前应浸种处理，使用巴旦木直播，薄壳类型播前用冷水浸泡 4 天，中、厚壳类型浸种 7 天，用桃种或桃巴旦种子播种，播前浸泡 15 天，用冷水浸泡，每两天换水一次，也可将种子装麻袋置水中浸泡，当种子吸水后膨胀，摊开在烈日下曝晒至种子裂口时，即可播种。

石灰水浸种，配制 10% 生石灰液，浸种 7~10 天，堆在日下曝晒至种子裂口即可播种，此法中途不需换水，适于干旱缺水地区采用，效果良好。

2. 春播种子

播前应低温层积催芽处理，催芽地点选择地下水位低、排水良好、清凉通风、背阴干燥的地方，具体做法是，播种前 1 月，将种子进行水选，即将种子放入清水中，将漂浮于水面的种子去掉，取沉于水底的种子进行沙藏。挖深、宽各 1 米，其长度依种子而定。沟底选铺一层湿沙，厚 10 厘米左右，上铺一层种子，湿沙填满种隙，再铺厚约 10 厘米沙子。依次分层铺放，直到接近沟沿约 20 厘米处为止，上覆湿沙与面平，再培土呈屋脊形，同时在沟四周另开排水沟以免有雪、雨水侵入内。为保证种子的通气，应在沟中间竖一草把，沟较长时每隔 2 米置一草把，直径 35 厘米左右，防止种子发霉。沙藏期间要经常检查湿度、温度的变化，勿使种子发生，注意河沙要消毒，沙藏期间要有通气条件，沙藏时间 40~60 天，待 1/3 的核开裂即可播种。

种子播种前或沙藏前应进行消毒处理，用0.5%的高锰酸钾溶液浸种30~100分钟后用清水冲洗，也可用0.3%~1%的硫酸铜浸种4~6小时，或用0.15%~0.4%的福尔马林溶液浸种30分钟，取出后阴干即可播种。

(三) 整地、施肥、作床

　　播种前，翻耕整地，每公顷施入腐熟有机肥3000~6000千克后进行整地，翻耕深度30厘米，经耙平后作床，苗床面积一般宽2~3米，长10~15米。

(四) 播种

　　条播，宽行60~80厘米，窄行30~40厘米，覆土深3~5厘米，播种量每公顷300~525千克，播后及时浇水。播种期分秋播和春播。秋播适宜于南方冬季不太寒冷且鸟兽危害较轻的地区。秋播在11月底土壤封冻前进行，播种后浇封冻水。北方多进行春播，于3月下旬至4月上旬土壤解冻后进行。春播在土壤解冻后，气温稳定在15℃时(4月上中旬)进行，需用经过沙藏处理的种子播种，覆土镇压后及时灌水。

(五) 苗期管理

1. 间苗和定苗

　　当幼苗长至3~4片真叶时需进行间苗，7~8片真叶时定苗，定苗株距10~15厘米；每公顷留苗量9万~15万株，最后成苗每公顷6万~7.5万株为宜。扁桃播后20~30天，种子即破土出苗。为保证出苗整齐，要加强苗期管理。缺苗时及时补苗。

2. 水肥管理

　　秋播苗床在3月初土壤解冻后开始灌水，土壤湿度适宜时及时松土和除草。幼苗出土后，及时浇水松土，定苗后，浇水催苗。幼苗期10~15天浇水一次，大苗期30天浇水一次，浇水后中耕除草，保持土壤疏松，一般小苗时中耕深度2~4厘米，逐渐加深到8~10厘米，9月下旬停水，控制枝条旺长。每年追肥两次，第一次在5月初至中旬定苗后，每公顷施氮肥150~300千克，第二次在6月下旬，每公顷施氮肥 225~375 千克，追施肥料时在苗行开沟，沟内施肥，埋土后进行灌水。后期要勤除草，并注意防治苗期的各种病虫害。

3. 整形修剪

砧木苗需要基部嫁接部位平滑，这样有利于提高嫁接成活率。砧木苗修剪方法为：在苗高 25~30 厘米时进行摘心，同时抹去基部 10 厘米内的嫩枝和叶芽。苗高 1 米以上时，剪去主干 40 厘米或 60 厘米以下枝条。

三、嫁接苗培育

（一）接穗

1. 采集接穗

扁桃嫁接前，先要准备好接穗，选择品种纯正、生长健壮、无病虫害、优质丰产的母树做采穗树，接穗长 1 米左右、组织充实、髓心小、无病虫害的 1 年生枝。接穗的采集，因嫁接方法的不同而异，芽接接穗应从已木质化的当年生枝上采取，枝接接穗应采用生长健壮的 1 年生枝。

2. 接穗处理

芽接所用的接穗在生长期，所采的是当年生枝，此时气温高，枝条水分蒸发快，要随采随用，并采取相应的保湿措施，采后立即剪去叶片，用湿布包好备用，避免阳光直射。枝接的接穗是在休眠期采，时间上北方可早些，在落叶后至上冻前进行。由于冬季风大，扁桃的发育枝极易抽条，故可适当早采。对成龄大树，或者是冬季气温不是太低，抽条不严重地区，亦可在萌芽前采集。采集到的接穗要及时蜡封，每 30~50 支一捆，整理好，剪去部分过长的梢部，挂上标签，存放于阴凉潮湿的地方，贮存温度以 0~5℃ 为宜。最好在土窖中用湿沙分层埋好，使每一条接穗均可接触到湿沙。

接穗贮存过冬时，可于阴凉处挖 1.2 米 ×0.8 米的沟，长度依接穗量而定，将成捆的接穗置沟内，上垫湿沙厚约 10 厘米。冬季气温降低时可加厚覆土，春季气温回升时应注意遮荫，防止升温，有条件时可置塑料袋内保湿，冷库储藏。

（二）嫁接方法

扁桃嫁接方法分枝接和芽接。1~2年生苗，当砧木苗基部直径达0.6厘米以上时可进行芽接，芽接主要采用"丁"字形芽接法，该方法成活率很高，一般都在90%以上，若在当年生枝条上嫁接，其成活率可达100%。

1. 枝接

枝接在春季进行，以芽萌动前后最适宜。根据接穗和砧木结合方式不同，大致分为以下5种：

（1）劈接，从砧木中间的劈口入接穗。

（2）切接，从砧木一边切口插入接穗。

（3）插皮接，从砧木皮层与木质部之间插入接穗。

（4）腹接，从砧木腹部一个斜口插入接穗。

（5）舌接，砧木与接穗粗度相近时，将砧木与接穗削成马耳形斜面，并分别在各自的斜面上切竖切口，嫁接时从切口处相互插入，斜面接合。

2. 芽接

芽接是目前生产上最常用的方法，通常采用"T"字形芽接和嵌芽接（带木质部芽接）。芽接时间在当年秋天或次年春夏季，当年秋天嫁接的应于次年春解除绑膜，次年春夏季嫁接的应在成活后及时解除绑膜。

（1）"丁"字形芽接

该方法适用于各种果树，生产上应用也最广泛，尤其适合初学嫁接者。该方法可于夏季、早秋木质部与韧皮部之间形成层离皮时采用，但须避开阴雨天气，以免嫁接后流胶，嫁接时先从接穗上取芽，即先在芽上方3~5毫米处横切一刀深达木质部，然后从芽下方向上方连带木质部斜削到芽上方切口，在砧木距地面10厘米处横切一刀，再从切口中间部位向下切成一个"T"形口，用芽接刀稍微将切口上端两边的皮层剥开，迅速将接芽插入，并使接芽上端与砧木上的横切口对齐，再用塑料薄膜从接芽上方向下方绑缚，绑缚时要露出芽尖。

（2）嵌芽接

从接芽上方 1 厘米处，向下斜切一刀，削取接芽，刀口长约 2 厘米，再在芽下方约 0.6 厘米处横着向下斜切一刀，直到第一刀口底部，取下接芽，在砧木距地面 5 ~ 10 厘米处削一个与接芽大小基本相同的切口，然后将接芽嵌入，接芽的形成层至少有一侧与砧木的形成层对齐，用塑料条自下而上绑紧。

3. 扁桃枝接技术

枝接多在春天气温稳定在 16℃时进行，通常在大苗或幼树上进行（砧木粗度 2 ~ 4 厘米）。先选取即将发芽且生长健壮的一年生枝条，然后截取枝条中间的一段，长 10 ~ 12 厘米，作为接穗。接穗上保留 3 ~ 4 个芽，上剪口较最上芽略高，保护芽不被碰伤。下剪口在最下芽下方 3 ~ 4 厘米处，并在最下芽的两侧各削一刀切成楔形，含于嘴中，或放入水中浸泡，以防止水分蒸发。砧木在离地面 5 ~ 8 厘米处截顶，并把剪口削平，然后用刀将砧木劈成纵深 3 ~ 5 厘米长的切口，迅速从水中取出削好的接穗插入砧木切口，新梢一般插两个接穗，要插在迎风面，插后用塑料布包接口，待半个月后芽萌动，即可放开顶部塑料扎口，待新枝强壮，愈合组织老化时，松绑撒土，在地上插支柱固定接穗。

枝接苗木春季嫁接后 7 ~ 10 天检查成活率，当苗木新梢长到20 ~ 30 厘米时，设立支柱绑缚，以免被风吹断。

发芽前，浇第一次水。苗高长到 30 厘米左右时追第一次肥，每公顷追氮氢肥 150 ~ 300 千克，追足后及时浇水，中耕除草，松土保墒。7 月追第二次肥，每公顷追复合肥 225 千克或结合叶面喷施 1000 ~ 2500 倍磷酸二氢钾水溶液。及时防治桃小食心虫、蚜虫等苗木有害生物和白粉病等病害。

4. 扁桃芽接技术

在芽接前 2 ~ 3 天要充分灌水，增强砧木树液流动，使树皮容易剥离。另外，接芽要选择饱满的芽，否则成活率低。嫁接时间为 7 月中旬至 8 月下旬，嫁接高度为距离地面根茎处以上 5～10 厘米处，最佳的砧木(直径)为 0.8～1 厘米。芽接的速度要快，芽接刀具要锋利，切口平滑，有利于加快愈合。嵌芽接时，形成层一定要对齐。绑缚物要绑紧，不要让雨水进入，影响伤口的愈合。接芽成活后要适时解除绑缚物，以免后期绑缚物勒入树皮内。7 月嫁接的苗木一周后查成活，接芽叶柄轻触即脱落为成活。及时剪贴松绑，随时抹去砧木萌蘖，每 10 天浇一次水，在此期间追施一次氮磷复合肥，每公顷 150 千克。8 月底以后开始控水，9 月中旬叶面喷施 300 倍的磷酸二氢钾，8 月嫁接的苗木不剪砧，1～2 周后松绑即可，冬季注意防止兔、鼠啃食。

(三)嫁接苗管理

(1)芽接苗剪砧：当年嫁接成活而接芽未萌发的叫芽苗，次年春季土壤解冻时剪砧，促进接芽萌发，剪口部位在接芽上方 0.5 厘米处，剪口要平滑，不要留得太长，也不要向接芽一方倾斜，避免影响接口愈合。越冬后未成活的，在春季进行补接。次年春夏嫁接的半成苗应在接芽成活后及时剪砧。

(2)除萌及立支柱：剪砧后，砧木芽会大量萌发，要及时除去，以免消耗水分和养分，影响接穗的生长。

枝接苗在风大的地区要立支柱，以免风折。嫁接成活的苗木，在剪砧后接芽迅速生长，由于接口在短时间内愈合不牢固，容易被风吹折，因此在苗木长到 15～20 厘米时，用竹竿插在苗木旁，用细绳轻轻绑缚即可。

(3)病虫草害防治及冬季防寒：接芽萌发后易受金龟子、卷叶蛾和蚜虫等危害，扁桃苗在夏季高温多雨时易患穿孔病，应及时喷杀虫剂、杀菌剂进行防治。应及时清除苗地内的杂草，促进嫁接苗迅速生长。冬季干旱、严寒的地区，为防止接芽或苗木受冻，应灌足防冻水。

四、苗木出圃

(一)起苗与分级

1. 起苗

起苗时期一般分秋季和春季。秋季起苗时间要求在新梢停长并已充分木质化、顶芽形成并开始落叶时进行。秋季起苗结合深耕作业,有利于土壤改良、消灭病虫害。春季起苗在土壤解冻后、苗木发芽前进行。

起苗前几天应做好对圃地苗木挂牌、标明品种信息等工作。起苗深度要根据砧木根系的深度,宜深不宜浅,尽量减少根系损伤。若根系少,导致栽后生长势弱。因冬春干旱低温,圃地土壤坚硬,起苗比较困难,最好在起苗前 4~5 天浇水,使苗木在圃内吸足水分,可操作时即可起苗,这样既省力又可减少根系损伤。

2. 分级

苗木要及时分级。优质苗木要求品种纯正,砧木类型一致、地上部枝条健壮充实具有一定高度,芽饱满、根系发达,断根少、无严重病虫害及机械损伤、嫁接苗接口愈合部位愈合良好。按照苗木出圃规格进行筛选分级并按不同品种、规格等级系上标签,苗木分级标准见表 5-1。

表 5-1　扁桃二年生苗木质量、产量标准(LY/T1750—2008)

项目			等级		产量标准	
			I 级	II 级	出苗量 (株/公顷)	I、II 级 苗率(%)
根系	主根长度/厘米	≥	30	25		
	≥5 厘米侧根数	≥	18	15		
	根、干损伤		无劈裂,表皮无干缩		75000	80
茎干	高度(接口道顶部)	≥	200	180		
	粗度(接口以上 10 厘米处直径)	≥	1.9	1.6		
	接穗部愈合程度		充分愈合,无明显勒痕			
	饱满芽个数	≥	25	20		

（二）苗木假植

苗木出土后置于阴凉处，及时覆土埋根，防止根系曝晒，进行临时保存。待苗木起完后，将其运往贮藏点假植或运往新建园定植。为方便苗木销售，可在秋季起苗后在土壤封冻前进行假植越冬。

假植方法因地而宜，北方寒冷地区需全株埋土进行越冬假植。假植地应选择避风、干燥、平坦的地块，风大地区要设置防风障。先挖假植沟，宽50厘米，深度60~100厘米，长度随苗木数量而定。去叶片，沟底先铺一层10~15厘米厚的湿沙土，将苗木梢部向南倾斜，放入沟内并覆土，厚度为苗木的2/3，风大寒冷地区苗木要全部埋入土中，以免梢部干枯。在沙土地块假植需在沟内浇水，在寒冷风大地区的壤土地块假植一般不需浇水，否则容易烂根，若土壤过于干燥，可向沟内适当浇灌。每个品种要放上标签，品种间要隔开距离，以防混杂。苗木假植后要经常检查，防止风干、霉烂及遭受鼠、兔类危害。

（三）检疫与消毒

苗木检疫是通过植物检疫、检验等一系列措施，防止各类危害性病虫、杂草等随同苗木转移而传播蔓延。苗木在省际调运与国外交换时，必经过检疫，对带有检疫对象的苗木禁止调运，并予以彻底消毒。消毒的方法很多，主要是杀灭各种病菌。可用4~5波美度石硫合剂溶液浸泡苗木10~20分钟，再清洗一次。1:1:100的波尔多药液浸苗木10~20分消毒，然后用清水冲洗干净。

（四）包装与运输

在苗木运输过程中，若直接暴露会造成苗木失水过多质量下降，甚至死亡。在运输中应尽量减少水分流失和蒸发，确保苗木成活。

当年就近栽植的苗木可随起即定植，次年春季栽植的要尽快假植贮藏，对外运苗木应在起苗后，通过检疫消毒，然后立即包装运输。包装材料应就地取材，一般以价低、质轻、柔软，并能吸足水分保持湿度而又不致迅速烂、发热、破损者为好，如草包、草袋等。为保持根系湿润，包装袋内还应用湿润的木屑、稻壳、碎稻草等材料作填充物，再用草绳捆好。然后挂上标签，在标签上标明苗木的品种、数量、等级、苗圃名称等。

第六章
扁桃花果管理技术

我国扁桃产区，立地条件复杂，气候变化剧烈，气候、土壤、生物等各种环境因素对扁桃的生长发育都有各种不同的影响。扁桃坐果率极低，而且存在着严重的落花落果现象。每株只有 0.5~1.0 千克的产量，严重影响扁桃产业的发展。因此，要保证扁桃的优质、丰产，花果管理技术非常重要。

一、落花落果的原因

(一) 树体营养不足

树体营养尤其是贮藏营养水平的高低直接影响扁桃花芽分化的进程。由于扁桃的营养不足，其花器发育会受到一定程度的影响，致使扁桃不完全花所占的比例增加。树体营养缺乏，养料不足，造成树势较弱，叶子细小，只在树冠的外部及下部结少量的干果，内部的结实几乎全部脱落。有关资料表明，土壤经常深翻、施肥的扁桃，完全花比例可达81%，而土壤贫瘠、粗放管理的扁桃，不完全花的比例仅为43%。

(二) 树体生长过旺

在地肥水足的情况下，缺乏相应的栽培管理技术，引起枝条徒长，抑制了树体的生殖生长。特别是氮肥过多，枝条徒长，导致生殖生长和营养生长不协调，引起大量的落花落果。

(三) 花器分化不完全

扁桃属异花授粉结实，自花授粉率很低，一般在10%左右。花芽分化不完全，成花为无雌蕊，花药体小或无，花粉散粉率低，子房干枯，所形成的不完全花脱落率在100%，而完全花花粉散粉率高，花药体大，子房饱满，完全花是坐果结实的主要来源。还有极少部分的中间花，介于完全花和不完全花之间。

（四）品种间亲和性差异

种间的亲和差异或缺乏授粉树，在现有的主栽品种中，品种间的丰产性差异很大。亲和力的强弱直接影响授粉受精和坐果，是生产中确定授粉树搭配比例的重要依据，同时也是选择优良品种的条件之一。主栽品种相互间亲和力的差异，影响着坐果率的高低。建园时未能按要求配置授粉树，必然导致主栽品种无法正常的完成授粉受精而坐果。在现有的扁桃品种中，相互间亲和力差别很大。连续4年的授粉亲和性试验结果表明，品种间亲和力在0～100不等。亲和力的强弱直接影响受精、结实率，是生产中确定授粉树搭配比例的重要依据，同时也是选择优良品种的条件之一。

（五）恶劣气候条件

恶劣气候条件主要有倒春寒、大风及沙尘天气。扁桃花芽萌动到开花，集中在3月下旬至4月上旬，此时正值主产区的倒春寒天气，较长时间低温使扁桃花芽极易被冻伤、冻死，造成灾难性的损失。在开花时，连日阴雨天、沙尘天，可降低花粉散粉率，受精过程受阻，影响授粉。另外花期遇4级以上大风天气，也是造成落花因素之一。

二、保花保果的措施

针对扁桃落花落果的原因，加强土壤管理为主，结合喷施微肥、生长调节剂，使扁桃生长处于"中庸"状态。外界灾难性天气和不可抗拒因素，原则上应以预防为主，通过增强树势，提高抵抗不良环境的能力。此外，应培育晚花、抗寒、耐湿、生育期短的优良品种。

（一）综合管理

1. 施肥

多施有机肥，增强树势，促进花芽分化，同时注意氮、磷、钾肥配合使用，有利于提高完全花的比例，从而减少落花落果。幼旺树少施氮肥，增施磷、钾肥，促进花芽分化。成年树氮、磷、钾肥合理配合使用，多施有机肥，果实采收后立即追施速效性复合肥或果树专用肥，9月中下旬每株施入基肥50~100千克，加入过磷酸钙1~2千克/株，这样可有效地增强树势，提高花芽质量和数量，增加树体营养。

　　研究表明，在莎车县二林场管理好的果园中，厩肥每2年施用一次，每公顷施1吨为宜。每年追施(依条件可采用叶面喷施或土施或二者结合)氮、磷肥。根据1997—1999年肥水试验结果中，在花期喷0.1%的硼酸溶液可较对照提高坐果率32.7%，达到1%的显著水平，较对照平均株产提高2~3千克。达5%显著水平。结合每株树土施1.5千克的尿素，1.0千克的磷酸二铵及花期喷施0.1%的硫酸锌溶液对单株产量较对照提高18.4%，达到5%的显著水平，通过建立健全良好的扁桃管理制度，可明显减少扁桃的大小年现象。

　　2. 修剪

　　合理的修剪，去除多余徒长枝控制树形，可增强树体贮藏营养的能力，有助于提高扁桃抵御不良环境条件的能力，从而提高坐果率。对强旺枝于花后15天左右，在枝的基部环割或环剥，环割或环剥注意伤口的保护，防止流胶的发生。环割或环剥深度达到木质部即可，宽度是干粗的1/10。减少树冠郁闭，改善光照条件。对于花芽量大的树，剪除过弱、过密花枝，留下的花枝要进行疏蕾、疏花，使养分集中，提高坐果率。

　　3. 喷施植物生长调节剂

　　通过喷施外源植物激素来影响内源激素生成，从而促进花芽的分化，减少果树的落花落果比例。在良好土壤管理基础上，花期叶面喷施赤霉素、2，4-D、PP333、NAA等植物生长调节剂均可不同程度影响巴旦杏的坐果率。试验表明，在花期喷施10毫克/升(或25毫克/升)赤霉素或2，4-D能显著提高巴旦杏的坐果率，结合PP333150毫克/升和0.1%硼酸溶液效果更佳。在第一次生理落果后，选用赤霉素、2，4-D 1 毫克/升或 20 毫克/升混合喷施幼果可提高保果率，喷施应选择晴好无风天气，如果喷后 24 小时内遇大雨，应及时补喷。

4. 配置授粉树

建园时配置好授粉树，一般 1 个园配置 2～3 个授粉品种，主栽品种与授粉品种的比例为(2～3)∶1。如几个品种在当地表现都较好，又能相互授粉，可把 2～3 个品种混栽，不用配授粉树，如浓泊尔、美森、陕 86-2 混栽；浓泊尔在临沂表现好，多做主栽品种，多用比它开花早的那普瑞尔和开花比它晚的美森做授粉品种，可延长授粉时间。已建扁桃园缺少授粉树或所配置的授粉树不当，要尽早按授粉树配置要求高接授粉品种。

(二)辅助授粉

扁桃为异花授粉结实，受精好坏直接关系到坐果量多少。在扁桃树体管理中，辅助授粉可分为人工授粉和虫媒授粉，另外在花期适宜的微风也可促进花粉的传播。

1. 人工授粉

(1)花粉采集

采集扁桃当地授粉品种的花管，双手拿两朵花蕾相对揉搓，就把花药脱下，除去其中的花丝、花瓣，薄薄地铺于报纸上，在室温下一昼夜即可干燥，放出黄色花粉。花粉应置阴凉干燥的地方保存，不能见直射的阳光。

(2)喷粉

把采集好的花粉与滑石粉或淀粉 1∶(80～100)比例的混合均匀、在盛花期进行大树喷粉。

(3)液体授粉

将采集的花粉混合于白糖尿素溶液中进行喷。花粉液的配方是：水 12.5 千克、白砂糖 25 克、尿素 25 克、花粉 25 克。先将糖、尿素溶于少量水中，然后加入称量花粉，用纱布过滤，再加入足量水搅均匀，花粉液随置随用，不能久放和隔夜。

2. 果园放蜂

扁桃园面积大,可以采用果园放蜂,既有利于扁桃授粉,又有利于蜜蜂的生长和繁殖,并能增加收入。

（1）放蜂时间

投放的时间为开花前3~5天。

（2）放蜂量

初果期幼树,每公顷放1500头蜂茧;盛果期大树,每公顷放900头左右即可。

（3）种植开花作物

在扁桃园周围提早种植越冬油菜、白菜等,为扁桃开花前出巢的蜂提供蜜源。

（4）巢箱安置

选择果园宽敞明亮、3米内无遮挡物处安置巢箱。巢箱敞口朝向东南或正南;巢箱底部用高出地面35厘米以上的牢固支架垫高,支架上涂抹废机油,预防蚁、蛙、蛇等侵入巢箱;箱顶再盖遮阴防雨板压紧。巢箱安置好后,巢管要固定,不要再随意移动位置,以便蜂群返回原处。蜂巢应防雨,如果蜂巢防雨不好巢管发潮,幼蜂死亡较多。蜂巢前泥坑必须保持湿润,直到收管为止。否则壁蜂难以找到自己定居的巢管而影响繁殖和访花。

（5）巢管回收与保存

扁桃树落花后,傍晚收回巢箱,取出巢管,将巢管平放吊挂在通风阴凉的室内,在常温下保存。翌年2月,折开巢管剥出蜂茧装入罐头瓶中用纱布封口,置于0℃下保存到来年开花前2~3天备用。

(三)防霜冻技术

我国北方地区,扁桃的花期正值早春气候变化剧烈的季节,时常有大风降温和寒流天气出现,形成晚霜危害。导致扁桃花期受冻,造成减产甚至绝收。晚霜的发生迟早与强度因年份而有所不同,如果不及时预防就会造成极大损失。

1. 选择抗寒性强品种

扁桃的优良品种很多,但其对低温的适应性有一定差异。一般而言，国产的扁桃优良品种抗寒性优于引入的国外品种，在扁桃基地建设之初应进行品种规划，适应性差的优良品种应当种植于气候条件较温和的地区，对品质不佳的扁桃园进行高接换优。

2. 延迟发芽

通过春季灌水降低土壤温度，使萌芽推迟。萌芽后至开花前灌水 2~3 次，一般可推迟发芽 2~3 天。

树体主干和主枝涂白，可减少对太阳热量的吸收，延迟发芽和开花，减轻冻伤及日灼，并防治在树干粗皮下越冬的害虫，涂白剂一般用 10 份水、3 份生石灰、0.5 份食盐、0.5 份石硫合剂原液，再加少量动植物油。

应用生长调节剂类，如 B-9、乙烯利、萘乙酸及青鲜素（MH）等，于越冬前或萌芽前树上喷洒，可以抑制芽萌动。应用较多的是青鲜素，在芽膨大期应用，可以推迟花期 4~6 天，并使 20% 以上的花芽免受霜冻。生长调节剂应用前，应先作小面积试验，然后再进行推广。

3. 改善园地小气候

（1）熏烟法

熏烟这是一种传统的防霜冻措施。熏烟后可在树体周形成烟幕，包含大量二氧化碳及水蒸气，可有效地防止园地上热量的散失，防止园内温度下降，使树体处于稳定的气温环境中，从而阻止了霜冻的形成。

通常用作烟堆的材料由农作物秸秆、枯枝落叶及杂草组成。这些材料要有一定的湿度，也可在秸秆上撒薄土，防止明火的出现。一般每烟堆用材料 30~50 千克，每公顷置 60~90 个发烟堆即可。此种方法发烟量大，简便易行，效果好。通常霜冻多发生在 3:00~5:00 时，在扁桃花期应当认真听取天气预报，提前设置烟堆。分配专人值班，观测气温，特别是低洼地带的气温变化，当气温降至 -1.5℃，而且还在继续下降时，即可点烟。通过烟熏，可提高果园气温 2℃ 以上，预防霜冻发生。

（2）人工喷水和地面灌水

当发生大风降温时，在水利条件较好地区，可根据天气预报及时给树体灌水，或直接给树体喷水。利用人工喷雾设备，向扁桃树上喷水，水遇冷凝结时可以放出潜热，增加温度，减轻霜害。水中加入 0.3%~0.5% 磷酸二氢钾，可增强扁桃花的抗寒性。

（3）树体喷盐水或石灰涂白

当水中含盐而成盐溶液时，其沸点温度升高，这样在霜冻发生时，可防止空气中的水汽在枝条上结霜、避免了晚霜对枝条和花芽的危害。据试验，休眠期前用的食盐水溶液的浓度为 0.5%~20%，休眠期浓度可稍高，生长期应低，否则易引起盐害。

冬季结合主干涂白，给树体枝条喷布石灰乳，可有效地反射阳光，降低树体温度，延迟花期 5~6 天，从而躲过霜冻。石灰乳的配方是，50 千克水加 10 千克生石灰，搅拌均匀后，再加入 100 克猪油做黏着剂，可增加在枝条上的吸附力。

（4）喷施化学药剂

花芽膨大期喷 500~200 毫克/千克的青鲜素（MH）、可推迟花期 4~5 天。喷 100~200 毫克/千克的乙烯利，可使芽内花原基发育推迟从而延迟了花期。花前喷 200 倍的高酯膜，可推迟花期约 1 周。

第七章

扁桃土肥水管理技术

一、土壤管理

(一)扁桃园覆草

扁桃园覆草是用秸秆、杂草等覆盖扁桃园树盘或全园覆盖，覆盖厚度一般以 15~20 厘米为宜。覆草后用少量的土呈花斑状压埋，覆草的主要优点在于：保持土壤水分，抑制了地面水分的蒸发，同时由于覆草后土壤团粒结构的改善，蓄水保水力增强，也间接起到了保水作用。再者，减少了雨后中耕的用工，比清耕园和生草园土壤含水量都高，而且年际变化小，水分状况比较稳定；稳定土温，覆草后土壤温度稳定，夏不过高、冬不过低，表层土壤在果树生长季节处于生长最适宜稳定层。提高土壤有机质含量，覆草后由于草逐渐腐烂分解，土壤有机质含量增加、微生物活动旺盛、腐殖质积累增多、有利于土壤团粒结构的形成，提高了土壤肥力，特别是较为不稳定的表层土壤中的水、肥、气、热、生物五大肥力因素都处于最稳定的生态适宜区，扩大了根系集中分布范围；防止土壤侵蚀，由于覆草减少了大雨后的地面径流和土壤冲刷以及对表层土壤结构的破坏，防止表土风蚀，故可以有效地防止土壤侵蚀，保持土壤肥力，同时还可抑制地面杂草的滋生，比清耕园省工。

(二)扁桃园中耕除草

每年对全园进行多次中耕，以保持常年土壤疏松状态。在干旱和半湿润地区，果实采收前后或雨季到来之前进行中耕，深度10~16 厘米，近树干处初春、秋季则需深度 10 厘米左右，生长期间应根据杂草滋生和降水情况进行多次中耕除草，达到灭草、保墒、改善土壤微生物活性的目的，加速土壤有机物质的转化和养分释放以及防止返碱。在降水量较大、土质黏重的果园，则应在做好水土保持和排涝的基础上，雨季深耕通气、旱时保墒、防止土壤有机质过度消耗。不能长期维持地力和较大幅度增产。在风沙地区和水土流失地区，中耕易使土壤受到侵蚀，所以，不同地区扁桃园中耕时间、次数及深度等，应因地制宜、合理实施。

（三）扁桃园间作

间作是在果园行间或空隙地种植其他作物的总称，合理间作能充分利用地力和光能，增加扁桃园收益，改善地面环境，防止水土流失。

新发展的扁桃密植园（4米×6米）在幼树期（5~6年生以前）可进行间作，树体进入盛果期应停止间作。传统的农林间作扁桃地（行距大于10米）则可年年间作。间作物种类有小麦、豆类、瓜类等。棉花与扁桃的需水规律正好相反，可用于扁桃园间作。

间作原则，以不影响扁桃生长发育为前提，间作物仅限于行间空地或缺株的空地种植，并与扁桃保持一定的距离。扁桃定植第一年，间作物应在树冠投影以外，数年后，树冠基本交接时不再间作。扁桃树间与树盘范围内应保持清耕；按照扁桃和间作物要求，加强栽培管理，防止或减少间作物与果树之间发生争肥、水的竞争。

（四）扁桃园清园

冬季清园是对扁桃园进行整顿、清理的一项管理措施，可以减少病虫潜伏基数，改变果园土壤理化性状。扁桃园一般在落叶后至萌芽前的休眠季节进行清园，此外，雨季过后也可进行清园。扁桃大多数病菌孢子、害虫及其卵、蛹等，残留在枯枝、落叶、落果、虫、树皮裂缝、伤疤、伤口、梯田的堰缝或石块下等处休眠越冬，成为次年扁桃园病虫害传播的主要媒介，应及时清除。老树枝干如有粗裂，应予以刮除。对诱杀害虫用的草绳、草把等，应及时收集烧毁。

二、施肥技术

（一）肥料品种的选择

1. 有机肥

有机肥包括粪肥、绿肥、腐烂的作物秸秆及油料作物榨油后的饼渣等。有机肥来源广、潜力大，既经济又易获得，含有丰富的有机质和腐殖质，有扁桃所需的各种大量和微量元素，并含有多种激素、维生素、抗生素等，但养分主要是以有机态存在，不能被扁桃直接利用，必须经过微生物发酵分解，才能吸收利用。多数有机肥不仅能供给扁桃生长需要的各种营养元素，还能改良土壤、提高土壤肥力。有机肥肥效长久而稳定，但见效较慢。粪肥是人粪尿、禽畜粪的总称，富含氮、磷、钾等各种营养元素和有机质，其中人粪尿含氮量较高，肥效较快，宜作追肥。人粪尿不能与草木灰等碱性肥料混合，以免造成氮素损失。畜粪分解慢，肥效迟缓，宜作基肥。禽粪主要以鸡粪为主，氮、磷、钾及有机质含量较高，做基肥和追肥均可。由于新鲜鸡粪中氮主要以尿酸盐类形式存在，不能立即被植物吸收利用。因此，用鸡粪作追肥时间应先堆积腐熟后方可使用。鸡粪在堆积过程中，易发高热，导致氮素损失，应作好盖土保肥工作。绿肥是一种以新鲜状态绿色植物直接施于园地的有机肥料。不同的绿肥对改善土壤肥力有着不同的功效。如豆科植物因具有根瘤菌，能够起到生物固氮作用而肥效明显；禾本科植物由于根系发达，碳、氯含量较高，有利于土壤有机质含量的增加。渣饼是工农业可利用的废料，富含有机质，为迟效肥料，具有提高土壤微生物活性和培肥改土作用，宜作基肥。

2. 化学肥料

化学肥料按所含有效成分，划分为氮肥、磷肥、钾肥和微肥。其中，只含有一种有效养分的肥料称为单元（质）肥，同时含有氮、磷、钾三要素中两种或两种以上元素的肥料，称为复（混）合肥。化学肥料具有养分含量高、肥力大、见效快等特点，但养分种类较单一，不含有机物，肥效短。长期单纯使用某一种或某一类化学肥料，会破坏土壤结构，使土壤板结，肥力下降，必须配合使用有机肥。扁桃在不同的生长时期和不同的生长发育状态，应依据土壤的结构与养分的状况选择不同的肥料种类施肥，以便有针对性地改善土壤理化性状，提高扁桃树体营养水平，达到改善品质、丰产稳产的目的。基肥多用迟效性有机肥料，逐渐分解养分，供扁桃根系长期吸收利用；追肥多选用无机肥，肥效快，易于吸收。

（二）施肥时间

正确施肥时间是科学施肥的一个重要方面，合适的施肥时间应根据肥料的种类和性质、扁桃树发育特点及其需肥程度等而定。

1. 基肥

又称底肥，能够在较长时内供给树体生长发育（特别是旺盛生长时期）所需的养分，并具有全面改良土壤性质的作用，基肥在9月中下旬施用为宜，以迟效性有机肥为主，如圈肥、堆肥等，基肥的实际用量为全年施肥总量的60%~70%。施肥时间以果实采收后1个月内为最佳。

2. 追肥

追肥是作为基肥的一种补充，是在树体生长期进行，并以追施速效性肥料为主。如硫酸铵、尿素、碳酸氢铵或复合肥等。追肥时间根据扁桃各生长发育阶段的需要而定，一般可分3次追肥。第一次追花前肥，于3月中旬至4月初在春季扁桃开花前追施适量速效性肥料，如尿素、硫酸铵、硝酸铵等。主要作用是促进开花坐果和新枝生长。第二次追稳果肥，开花后不但扁桃幼果迅速膨大，而且新梢迅速生长，可于5月的花芽生理分化期和6月的花芽形态分化期施入。这一时期是扁桃营养需求的关键时期。稳果肥应占全年施肥量的15%~20%，多于4月下旬至5月上中旬施用，除氮肥外特别要注意追施磷、钾肥。第三次追壮果肥，于6~7月中旬施用，以施速效性肥料为主。其目的主要是促进果实迅速膨大，提高果实品质，促进花芽分化，保护叶片，以利于制造和积累养分，为次年的生长和结果奠定基础，此次追肥主要针对已结果的早实扁桃或晚实扁桃的树体。壮果肥应占全年施肥量的 5.0%~10% 。

（三）施肥方法

1. 基肥

秋施基肥主要为土壤施肥，常用施肥方法有以下几种：

（1）环状沟施法或方框状沟施法

幼树或初果期树一般沿树冠外围稍远一点，挖一环状或方框形沟，沟宽 30~50 厘米、深 50~60 厘米，将有机肥与土混匀填入。有秸秆时，秸秆、杂草等与粪土分层施入，切忌整捆埋入。提倡秸秆切碎腐熟后再施入，未沤制时以施到底层为好。

（2）放射沟施肥法

初果或盛果初期树冠较大，根系分布较广。为减少伤根，可在树冠下距主干 0.5 米处，以中干为中心，挖 4~6 条放射状沟，沟宽 20~30 厘米、深 30~50 厘米，内浅外深，年年需注意变换位置。

（3）条沟施肥法

在宽行密植果园，先于株间挖长 1 米、深 30~50 厘米的沟，宽度视劳力和肥量而定。当株间挖通后，在行间沿树冠外缘挖通沟。每年挖一侧或两侧。

（4）全园撒施

盛果期果园，全园已全部挖通，果树根系已布满全园，可将有机肥均匀撒在地面上，然后再翻入土中，深度约为 20 厘米。

2. 追肥

追肥的方法常采用穴追法或用施肥铲打孔追肥，也可采用渗灌施肥法追肥，将可溶性氮肥溶入水中，通过滴灌系统随水追肥，此法供肥及时，分布均匀不伤根，不破坏土壤结构，又可节约化肥。

根外追肥又叫叶面施肥，是将一定浓度的肥料溶液直接喷洒到叶面上，利用叶片的气孔及角质层具有吸肥的特性达到追肥的目的。这种方法用肥少、肥效快，可以避免某些元素在土壤中被固定，利用率高。根外追肥在生长期的中、后期均可进行，使用时要根据情况进行合理选择，田间喷洒时要选无风的天气，于 10:00 时以前及 16:00 时以后，以免气温过高，溶液浓缩而发生灼叶。叶背吸收能力强，应注意喷好叶背。叶面喷肥的时期可从展叶开始，结合喷药喷灌，每隔 15~20 天喷一次 0.3%~0.5% 的尿素、0.3%~0.5% 的磷酸二氢钾。要注意叶面追肥仅是一种补救措施，不能替代土施肥。

（四）施肥量及施肥次数

优质丰产的扁桃园，土壤有机质含量一般在 1.0% 以上，有的达到 3.0%~5.0%，但大多数扁桃园有机质在 1.0% 以下，需要增加基肥施用量，提高土壤肥力。扁桃的主要食用器官是核仁，其脂肪含量高，应重点施足底肥，1~3 年生幼树每株施优质有机肥 15~20 千克，初结果树 25~50 千克，成年大树 60~100 千克。有机肥与过磷酸钙或氮磷钾复合肥作基肥效果好。追肥次数和时间与气候、土质、树龄等有关。一般在扁桃花前、花后、幼果发育期、花芽分化期、果实生长后期追肥。按实际需要追肥，生长前期以氮肥为主，后期以磷、钾肥为主配合施用，每年株施有机肥 12~20 千克，可基本满足需求。幼树追肥次数不宜多，随树龄增加、结果量增多，追肥次数相应增加，一般每年 2~4 次，以满足营养生长与结果对土壤养分需求。施肥量表见表 7-1。

考虑到改良土壤、培肥地力、提高土壤微生物活性等，基肥施用不仅要保证数量，也要保证质量。施用优质基肥，如鸡粪、羊粪、绿肥、圈肥、厩肥等较好。土粪肥、大粪干次之。有草炭、泥炭的地区，可就地取材，沤制腐殖酸肥料作基肥，效果也很好。

有机肥既能提高土壤肥力，又能供应扁桃所需的各种营养元素，因此对提高扁桃产量和品质有着明显的作用。研究结果表明，有机肥与化肥配合施用比单施化肥平均增产 34.60%，大小年的产量差幅也显著降低。有机肥的配用比例，应根据园地具体情况，按有效成分计算，一般都达到总肥量的 1/3 以上。因此，应扩大肥源，增施有机肥，建立以有机肥为主，有机肥与化肥相配合的施肥模式。

表 7-1 施肥量表(LY/T1750—2008)

树龄(年)	配料种类	全年施肥量(千克/公顷)	其中	
			基肥/(千克/株)	追肥/(千克/株)
1~3	氮(以 N 计)	75	0.179	0.179
	磷(以 P_2O_5 计)	37.5	0.107	0.071
	钾(以 K_2O 计)	47	0.179	0.093
4~6	氮(以 N 计)	120	0.286	0.286
	磷(以 P_2O_5 计)	60	0.179	0.107
	钾(以 K_2O 计)	90	0.286	0.143
6 年以上	氮(以 N 计)	150	0.357	0.357
	磷(以 P_2O_5 计)	82.5	0.214	0.179
	钾(以 K_2O 计)	112.5	0.357	0.179

备注:全年施肥量为平均数,指施入肥料中含氮,五氧化二磷和氧化钾的纯量,平均每公顷以 210 株计算。

三、水分管理

(一)灌溉

1. 灌溉时间

扁桃园灌溉应根据扁桃需水规律、立地气候条件和土壤种类而定。干旱区和降雨少的年份灌水量大,次数多,沙地扁桃园或清耕扁桃园要比采取保水措施的扁桃园灌溉多。就扁桃生长周期而言,可分为 6 个灌溉时期,分别为封冻前、花前、果实膨大期(4 月下旬)、硬核期(5 月下旬至 7 月)和花芽分化期(7~9 月)。封冻前灌水,在扁桃园耕作层冻结之前进行,利于安全越冬;花前灌水可在扁桃萌芽后进行,利于扁桃开花和新梢、叶片生长及坐果;花后灌水,在花后至生理落果前进行,可满足新梢生长和果实发育对水分的需求,从而提高坐果率;果实膨大期灌水,有利于加速果实正常发育,增加果重和产量;硬核期和花芽分化期(5~8 月)灌溉很重要,此期是种仁形成和花芽分化的需水营养时期,水分必须满足,另外,采收后灌水,有利于根系吸收养分,可补充树体营养的消耗和积累养分。

2. 灌溉方法

（1）地表灌溉

利用地面灌水沟、畦或格田进行灌溉的方法。地面灌溉是古老的和最常见的灌溉方法，田间工程设施简单，不需能源，易于实施。缺点是容易造成表层土壤板结，水的利用率较低，灌水均匀度较差，用工较多。

（2）喷灌

喷灌又称人为喷水灌溉，喷灌对土壤结构破坏性较小，和漫灌相比，喷灌避免地表径流和深层渗漏，可节约用水。采用喷灌技术后，能适应地形复杂的地面，且在扁桃园分布均匀，并防止因漫灌造成的病害传播。喷灌通常可分为树冠上喷灌和树冠下喷灌两种。树冠上喷灌，喷头设在树冠之上，喷头射程一般采用中射程或远射程喷头，并采用固定式的灌溉系统，包括竖管在内的所有灌溉设施，在建园时一次建成较好。树冠下喷灌，一般采用半固定式的灌溉系统，喷头设在树冠之下，喷头射程相对较近，常使用近射程喷头，水泵、动力和干管是固定的，但支管、竖管和喷头可以移动。树冠下灌溉也可用移动式喷灌系统，除水源外，水泵、动力和管道均可移动。

（3）定位灌溉

只对部分土壤进行灌溉的一项技术。一般来说，定位灌溉包括滴灌和微量喷灌（简称微喷）两类技术。滴灌是通过管道系统把水输送到每一棵扁桃树冠下，由一至数个滴头（取决于栽植密度及树体大小）将水均匀缓慢地滴入土中，微量喷灌灌溉原理与喷灌类似，但喷头小，设置在树冠之下，雾化程度高，喷洒的距离短（一般直径在1米左右），每个喷头出水量很少（小于 100 升/小时），通常 30~60 升/小时。定位灌溉只对部分土壤进行灌溉，较普通的喷灌有节约用水的作用，能保持一定体积的土壤处于较高的湿度水平，有利于根系吸收水分。此外，具有水压低和加肥灌溉容易等优点。

（4）地下灌溉

地下灌溉是利用埋设在地下的透水管道，将灌溉水输送到地下的扁桃根系分布层，借助毛细管作用湿润土壤而达到灌溉目的的一种灌溉方式。由于地下灌溉将灌溉水直接送到土壤里，不存在或很少有地表径流和地表蒸发等造成的水分损失，是节水能力很强的一种灌溉方式。

地下灌溉系统由水源、输水管道和渗水管道三部分组成。水源和输水管道与地面灌溉系统相同，渗水管道相当于定位灌溉系统中的毛细管，区别仅在于前者在地表，而后者在地下。现代化地下灌溉的渗水管道常使用钻有小孔的塑料管，在通常情况下也可以使用黏土烧管、瓦管、瓦片、竹管或卵砾石管代替。地下渗水管道的铺设深度一般为40～60厘米，主要考虑两个因素。首先是地下渗水管道的抗压能力，也就是说地上的机械作业不能损坏管道；其次是减少渗透。扁桃主要根系通常分布在深度为20～80厘米的土层内，管道埋得较深，可以避免受损，但会加大灌溉水向深层土壤渗透的损失。

3. 灌溉量

土壤水分对扁桃生长发育十分重要，水能溶解土壤营养元素，供根系吸收，从而运送到各器官；水在树体内通过增加细胞张力而促使生长；水还能保持土壤温度稳定。扁桃从3～9月，要经过萌芽、开花、抽枝、果实发育、花芽分化、果实成熟等重要生理时期，这些时期也正是扁桃缺水敏感期；水分不足时，树体生长发育不良，甚至衰弱死亡，因此灌溉与生长发育直接相关，尤其是在春夏高温季节，土壤蒸发量大，更需大量的水分补充。春夏灌溉特别重要，但要合理。扁桃水分利用率（树体蒸发蒸腾量与标准植物蒸发蒸腾量的相对比值）为0.96，接近标准值。树体要定量的灌溉水供应，必须确定合理的灌溉量。

山西省农业科学院果树研究所扁桃栽培园属壤土地，其灌溉比较合理。根据灌溉量公式（灌溉量＝土壤蒸发量－降水量），以及山西省太谷县 11 年气象资料中地面平均年蒸发量和平均年降水量计算，全年灌溉总量应为 1280 毫米，生长季灌溉量 3 月为 126 毫米，4 月 172 毫米，5 月 225 毫米，6 月 185 毫米，7 月 128 毫米，8 月 91 毫米，9 月 83 毫米，10 月 69 毫米，山西省太谷县地面平均年总蒸发量为 1652 毫米，平均年总降水量为 372 毫米。蒸发量最大的是 5、6、7 月，每月平均蒸发量为 246 毫米、236 毫米、215 毫米；而每月平均降水量分别为 21 毫米、51 毫米、81 毫米，灌溉量应比较大。3、4 月和 8、9 月 4 个月，每月平均蒸发量分别为 136 毫米、194 毫米、129 毫米、102 毫米，而每月平均降水量分别为 10 毫米、22 毫米、46 毫米、33 毫米，灌溉量应较小。山西省农业科学院果树研究所灌溉是用管道直接在园地进行地面灌溉，灌溉从 3 月底开始，3 ~ 7 月每月灌溉一次（共 5 次），水在土填中的渗水深度为 5 ~ 15 厘米，加上灌封冻水，全年灌溉 6 次，其灌溉时期、灌水量与计算数字比较吻合，灌溉量基本合理。

（二）排水

扁桃根系不耐涝，需对低洼积水、地势低的扁桃园和在多雨季节进行排水，确保扁桃正常生长。

1. 排水不良对扁桃的危害

首先是根系的呼吸作用受到抑制，导致吸收能力下降，进而影响根系和地上部分的生长和结果，严重时引起根系腐烂和植株死亡。我国华北、西北的低洼地带，黄河故道及沿海地区，地下水位高，地势低，在 7 ~ 9 月的多雨季节应注意及时排水。

2. 排水系统

一般平地扁桃园的排水系统分为明沟与暗管两种。明沟排水由总排水沟、干沟和支沟组成，具有降低地下水位的作用。投资较小，但占地多，易倒坍、淤塞和滋生杂草而排水不畅，养护维修困难。我国好多地方采用类似明沟排水方式的栽培方法，如高垄法栽培扁桃，尤其在地下水位高、排水不良、地势低洼易积水的地区或地块，垄栽扁桃也能获得丰产。暗管排水是在扁桃园地下安装管道，将土壤中多余水分由管道排出的方法。暗排水系统由干管、支管和排水管组成。优点是不占地，不影响机耕，排水排盐效果好，养护负担轻，便于机械化施工，在土质坚硬不宜开沟的地区是唯一可行的办法。缺点是管道易为泥沙沉淀堵塞，植物根系也易伸进管内阻流，成本高，投资大。山地扁桃园宜用排水沟排水，排水系统宜按自然水路网的趋势，由集中的等高沟和总排水沟组成。排水沟的比降一般为 0.3%~0.5%。在梯田式扁桃园中，排水沟应修在梯田内沿，比降与田一致。总排水沟应设立在集水线上，方向应与等高线成正交或斜交。在有等高撩壕进行水土保持时，集水沟应与扁桃行向一致。

第八章

扁桃整形修剪技术

整形，是指树木生长前期为构成一定的树形而进行的树体生长的调整工作；修剪则是指树木成型的技术措施，目的是维持和发展这一既定的树形，也包括对放任生长树木的树形改造。所以整形修剪的定义为：整形是对树体施行一定的技术措施，使之形成栽培者所需要的树体结构形态；而修剪是对树体的某些器官，如干、枝、叶、花、果、芽、根等进行剪截或去除的操作。整形是目的，修剪是手段，两者是统一于一定栽培管理目的要求之下的技术措施。

一、整形修剪的意义

（一）整形修剪的定义

整形修剪包括两方面内容，一方面是树体整形，一方面是枝条修剪，二者之间既有联系又有区别。

整形是指根据生产或观赏的需要，通过修剪技术把树冠整成一定结构与形状的过程。在生产上为了使树体的枝条结构分布合理，便于栽培管理和充分利用光照，达到树木优质高产的目的，一般都要进行整形。所以，整形的目的是培养符合各种要求的骨干枝，是从幼树的苗期就开始的。在操作上要求每年连续不断地进行，直至树冠成形。短则需5~7年，长则需8~10年，甚至更长。

修剪是指对植物的某些器官（茎、枝、芽、叶、花、果、根）进行部分疏删和剪截的操作。如短截、疏枝、缓放、回缩等。修剪的目的有时是为了培养骨干枝和结果枝组，有时是为了控制树冠的大小，有时是为了调节树体生长与结果的关系，有时是为了保护树体减少自然灾害。为了使幼树快速成形结果和大树长期优质丰产，对一直在不断生长变化着的树体应经常进行适时而必要的修剪工作。

整形是通过修剪技术来完成的，修剪又是在整形的基础上而实行的。二者是统一于一定栽培管理目的要求之下的技术措施。一般在植物幼年期以整形为主，当经过一定阶段冠形骨架基本形成后，则以修剪为主。整形是前提和基础，修剪是继续的保证，二者应密切配合，相辅相成。

整形修剪可以促进或抑制树木的生长发育，调节树木各部分的平衡关系，调整成片栽植的树木个体与群体的关系，控制其树体大小。从而解决树木的形态控制与调节其生长与开花结果的矛盾。

(二) 整形修剪的作用

1. 调节树体与环境之间的关系

根据树体的条件与环境条件，合理进行整形修剪，有利于环境和树体的统一。合理整形修剪可以改善树体对光照的利用，提高光能利用率，增加光合作用，提高树木经济效益，同时提高枝条、叶、果等器官的质量，改善不利环境条件对树体的影响，提高抵抗自然灾害的能力。如在寒冷条件下对扁桃进行秋季摘心，可促进扁桃枝条木质化，有效防止冻害。在干旱环境下，适当重剪，控制树冠和花量。栽植扁桃后剪去地上部分，可以减少蒸腾及养分消耗，有助于扁桃成活。

2. 调节树体平衡

果树植株是一个整体。正常生长结果的树，其树体各部分和器官之间经常保持着相对平衡。修剪可以打破原有的平衡，建立新的动态平衡，使之朝着有利于人们需要的方向发展。整形修剪的作用主要是调节树体营养器官与生殖器官的平衡，调节树木地上部与地下部的平衡以及调节同类器官间的均衡。果树的生长与结果是对立统一的关系，既有相互利用的一面，也有相互影响的一面。果树在任其自然发展时，枝、叶、花、果的形成与发育常会发生些不协调的矛盾，这就是树体生长与结果不平衡的表现。在果树生长过程中，需要经常通过调整枝条角度和疏花疏果等修剪措施，维持这种营养生长和生殖生长之间的平衡关系。果树树体地上、地下部分始终是相互依赖、相互制约，二者保持着动态平衡。通过整形修剪维持一定的根冠比，任何一方的增强或削弱都会影响另一方的强弱。

3. 调节树体的营养状况

树体内营养物质的制造、输导、消耗和积累有一定的规律性。整形修剪就是在掌握其规律性的基础上调节和控制树体营养的吸收、制造、积累、消耗、运转、分配及各类营养间的相互关系，使之向栽培有利的方向转化。通过整形修剪改善树体通风透光条件，减少无效营养消耗，延长树体寿命。在树冠内膛过密时，通过修剪可及时将过密枝、重叠枝、徒长枝、伤残病虫枝、并生枝、内向枝等剪除，可使树冠通风透光，光合作用得到加强，减少病虫害的发生。

4. 调节树体的生长

通过对树木枝条合理剪留，来调整养分与水分的运输方向，加强根系吸收水分和养分的能力，使地上部分生长趋于平衡，并萌发强壮的新枝，达到更新复壮、加强树势的目的；对过强的枝条通过修剪削弱其长势，使树冠均衡分布。

5. 调节营养生长与生殖生长关系

以观花为主的树木，通过修剪，可调节树木的营养生长与生殖生长的矛盾，使营养物质合理分配，促进花芽的分化，提早开花结果，克服树木的大小年现象，保持观赏效果。

（三）整形修剪的原则

在整形修剪时，既要重视良好的树体结构的培养，又不能死搬树形。做到有形不死、无形不乱，因地制宜，因树修剪，随枝作形，顺其自然，均衡树势，以轻为主；使之既有利于早果丰产，又要有长期规划和合理安排，达到早果、高产、稳产、优质、长寿的目的。

有形不死，无形不乱。要按照原来的设计规划，整成一定的树形，但不要为整形而整形，一味地强调树形，以牺牲树体发育和早期产量为代价，强造树形。同时也不能"惜枝"（舍不得疏枝），要在考虑早期产量的前提下，该去就去，该留就留。绝不可以因小失大，破坏树体结构，造成以后整形的麻烦。

因树修剪，随枝作形。具体修剪时，要"因树制宜"，具体情况具体对待。要根据树体的枝条分布情况，合理整形。该强调中干的，要保持中干的优势；该"落头"的，要及时"落头"。

均衡树势，从属分明。树冠是一个整体，上下、大小、左右要均衡合理。如主干疏层形，要下大、上小，第一层三大主枝要均衡排布；第一层与第二层的层间距要合理，不可太小或太大。从属分明的意思是，凡是延长枝就是要长，中干是中干，主枝是主枝，侧枝是侧枝，一定要主次分明。

以轻为主，轻重结合。幼树的修剪要以轻为主，轻剪长放，该缓放的缓放，该短截的短截。对影响树体结构和无发展空间的枝，要及时疏除；对背上枝、徒长枝、病虫枝、并生枝、交叉枝、重叠枝、轮生枝、竞争枝要彻底疏除。

二、适宜的树形

（一）自然开心形

自然开心形是国内外扁桃生产园中普遍使用的树形。主干高 30~70 厘米，无中心干，留 3~4 个主枝，均匀分布呈开心状，主枝开张角度为 50°~60°，主枝分生若干副主枝，数量通常在 8 个以上，副主枝上分生 20 多个侧枝，侧枝上着生结果枝，各主枝间距 10~40 厘米，主枝向一定离心方向延伸。主枝或副主枝数量少时，常生出徒长枝，要注意将其选留培养成主枝或副主枝，该种树形树势开张，四周分布结果枝，光照条件好，可实现立体结果。

（二）自然圆头形

主干高 30~70 厘米，无明显中心干，全树有 5~7 个主枝，均匀、错落有序地分布在主干上，每个主枝上有 2~3 个侧枝，树高 300~350 厘米。

（三）疏散分层形

主干高 30~70 厘米，有明显中心干，全树有 6~8 个主枝，分层排列在中心干上，第一层主枝 3~4 个，层内距 20~30 厘米，第二层主枝 2~3 个，一、二层主枝的层间距 80~100 厘米，树高 400~450 厘米，采用此树形要及时除去下层主枝上抽生的徒长枝。树冠直立，树势强壮，四周布满结果枝，可实现立体结果。

三、修剪方法

（一）休眠期修剪

休眠期修剪称为冬季修剪，通常是在 12 月到翌年 2 月，在冬季修剪中影响观赏植物冠形的形成、树梢的生长。休眠期树体贮藏养分较丰富，剪后枝芽减少，冠根比变小，有利于新梢加强生长。

通常状况下，休眠期修剪技术包括以下几点：第一截干，主要是针对树干或者粗大的组织，这种修剪方法可以保证树木更新，而且也可以避免树冠出现衰弱操作现象，使整形修剪达到最终的技术目的。第二剪枝，剪枝是园林植物形状整合中较为重要的修剪技术。具体方法有短截、疏剪和缩剪。疏剪主要是运用在园林的打枝中，完全剪除整个枝条。短截主要是保留植物根部的芽，通过修剪的长度确定修剪方法。缩剪主要是减少树体的总生长量以及使养分和水分集中供应剪枝部位后部枝条的修剪方法。

1. 短剪

截（短截）：狭义上讲 1 年生枝剪除一部分称截；多年生枝剪除一部分称回缩；将新梢顶端剪去一部分称摘心。短截是指从枝条上选留合适的芽位后，剪去枝条的一部分，以刺激侧芽萌发。其目的是终止枝条无止境地延伸，同时促使剪口下面的腋芽萌发，从而长出更多的侧枝来增加着花部位，使株形更加丰满圆润，防止树膛内部中空。为了使树冠向外围延伸扩大，各级枝条结次分明，剪口应位于 1 枚朝外侧生长的腋芽上方，待剪口芽萌发后，才能使母枝的延长枝向树冠外围伸展，避免产生内向枝。其主要作用是促使其抽生新梢，增加分枝数目，以保证树势健壮和正常结果。短截常用于骨干枝修剪、培养结果枝组和树体局部更新复壮等。一般情况下，细弱枝不宜短截。

短截根据修剪的强度，可以分为如下几类。

①轻短截（轻剪）：截去枝条全长的 1/5～1/4。剪口芽为半饱满芽，促进产生短枝，有利于成花；适用于花果类树木强壮枝的修剪。

②中短截（中剪）：截去枝条全长的 1/3～1/2。剪口芽为壮芽，发枝强壮，促进分枝，增强枝条生长势，用于弱树复壮及骨干枝和延长枝培养；也可以形成长花枝和中长花枝。

③重短截（重剪）：截去枝条全长的 1/2～2/3。由于留芽少，刺激作用大，会萌发强壮的营养枝，用于弱树、老树和老弱枝的复壮更新。

④极重短截（极重剪）：仅留基部 1～2 个芽；只抽生 1～3 个弱枝，可降低枝位，消弱旺枝、徒长枝、直立枝的生长，以缓和枝势，促进花芽形成。

2. 疏剪法

是指枝条较多时，将枯枝、徒长枝、过密枝、不良枝和不合树形的枝条从基部彻底剪除的方法，通常在初次或大幅修剪时采用。疏剪可削弱剪口以上的枝条生长，增强剪口以下的枝条生长。剪口愈大，影响也愈大。疏剪还可以改善树冠内部的光照条件。有利于树体养分的积累，能促进花芽形成、开花结果；减少病虫害的发生，还可调节生长，平衡树势，有利于骨干枝的培养。按照疏枝量的多少，疏剪可分轻疏（疏去枝条少于全树总枝量的 10%）、中疏（疏去全树枝条的 10%～20%）、重疏（疏去全树枝条在 20% 以上）三种。

修剪比手指细的枝条可用剪枝剪或刀削，修剪比手指粗的枝条，应用细锯齿的手锯。疏剪时为避免沉重枝头向下折断而导致锯口下的母枝皮层撕裂，应分三个步骤锯截，切忌于切口下留残枝，应尽量贴近枝基处膨大的"干领"部，以最小的截面积锯下。多在冬季进行。

3. 缩剪法

缩剪与短截相似，对多年枝回缩修剪到健壮或角度适合的分枝处，将以上枝条全部剪去的方法，也叫回缩或压缩。缩剪有双重作用：一是减少树体的总生长量；二是使养分和水分集中供应剪枝部位后部枝条，刺激后部芽的萌发，重新调整树势。

缩剪可以开张骨干枝的角度，更新骨干枝；促进骨干枝光秃基部萌发枝条，复壮树势；也可以更新枝组，延长结果时间。对于萌发及成枝率均高的花灌木可用缩剪方法，减少枝量，解决开花部位外移以及过于密挤、通风透光不良等问题。因树木多年生长，离枝顶远，基部易光腿，为了降低顶端优势位置，促进多年生枝条基部更新复壮，常采用回缩修剪方法。

（二）生长期修剪

生长期修剪是指树木在春季萌芽后到秋后落叶前期的修剪。树木在这段时期，长有大量的新梢及叶片，树体中的贮藏营养和当年制造的营养大多在树冠顶部和外围的枝梢中，这时如果剪掉部分枝梢必然会影响营养物质的合成和造成营养物质的损失，从而抑制根系的生长和削弱树势。

所以，生长期修剪量要小，应多动手，少动剪。在必须动剪时，也应注意短截和回缩要轻，尽量减少大枝的去除。生长期修剪主要用于幼旺树上，时期要适合，方法要灵活得当，目的要明确。老弱树在生长期多留枝叶，做到细致合理的疏花疏果，依势定产。

生长期修剪是对树休眠期修剪的补充，理顺和调整，是继续培养骨干枝、平衡树势和调节生长与结果关系的保证性措施。从修剪的目的上说，既是为了巩固上一年休眠期修剪的效果，也是为了给下一次冬剪做好准备和打好基础。根据修剪季节和内容又可分为春剪、夏剪和秋剪 3 个不同时期。生长期修剪技术包括以下 4 种。

1. 抹芽、疏梢

主要是在植物修剪中，在萌芽初期除掉多余的芽。除芽过程中，应注意留芽的方向以及数量。在生长初期，抹除剪口芽、锯口芽和其他枝上萌发过多的芽。在5月下旬至6月上旬，将树冠内过密的新梢（如竞争枝、徒长枝）疏除。不仅可节省树体养分，改善通风透光条件，而且能提高叶片光合作用强度，增加养分积累，利于花芽形成。

2. 摘心

摘心也叫掐尖。摘心是在新梢旺长的时候，摘除顶端的嫩尖部分。摘心可以削除顶端优势，促进其他枝梢的生长；经过控制，还能使摘心的梢发生副梢，以削弱枝梢的生长势，增加中、短枝数量，还可以提早形成花芽，实现果实的充实增长。

在5~8月的新梢生长期中，将树木枝条先端幼嫩的部分摘除5~10厘米，以促生分枝，减少消耗。主要用于抑制枝条生长，使枝条组织充实，增加枝量和促进花芽的形成。对于生长旺盛的幼树，骨干枝的延长枝摘心，可减少光秃带，促生二次枝，增加中短枝的数量。

3. 扭梢

树冠内生长旺盛的直立枝、徒长枝、竞争枝等，当生长半木质化时，于基部轻轻扭转180°，适当破坏枝条的输导系统，以控制枝条的生长。但不使扭转处折断为宜。

扭梢通常在5月中下旬枝条半木质化时开始，以5月下旬到6月上中旬进行效果较好。扭梢后可使枝条上部形成腋花芽和顶花芽，目的是利用废枝、控制结果。

扭梢可以在生长季节陆续进行，扭梢时间迟，当年不易形成花芽，但仍能起控制枝条生长，节约养分的作用，冬剪时看生长情况，再决定去留。

4. 摘蕾、摘果

通过摘除劣质花果，保证优质花的生长质量，提高果实品质，避免果实大小不一，影响果实生长。

因此，在园林植物修剪技术运用中，应该通过有效分析生长期修剪技术，确定修剪方案，以保证植物修剪的合理性。

四、整形修剪技术

通过整形修剪可使扁桃树体生长旺盛、健壮，结果枝在树体中分布均匀，从而达到稳产高产的目的。

（一）幼树的整形修剪

扁桃幼树生长旺盛，顶端优势明显，徒长枝多，很容易出现从属不明、枝条紊乱和长势不匀等状况。这个时期整形修剪的主要任务是扩大树冠，争取早结果，为以后的丰产打好树形结构基础。

扁桃定植后，在50～90厘米处剪截定干，根据扁桃品种不同，定干高度也不同，对于枝条生长树姿直立的扁桃品种，定干可稍矮；对于树姿开张的品种，定干可稍高一些。定干后，剪口下有8～10个饱满芽，以利将来萌发形成健壮枝，以供将来选留主枝。主枝上如果有副梢，可视其生长状况取舍，若副梢健壮，部位适宜，芽体饱满，应在饱满芽上剪截，作为主枝的基枝培养；如副梢短弱、位置不适合、芽不饱满，不宜做主枝的基枝，应予剪除。剪除副梢时，定干高度应适当提高或降低，剪口下务必有数个饱满芽，以保证抽出分枝，选做主枝用。

定干后，根据选用的树体结构，逐年选留各层主枝和侧枝，主枝剪留长度40～50厘米，侧枝30～40厘米，主侧枝以外的枝条作辅养枝处理，采取短截或长放，逐年培养成结果枝组。

在第一年的生长季要进行夏季修剪，以促使树体生长、节省营养物质。具体做法是当新梢长到8～10厘米时选定主枝，选留基部3个主枝，主枝的基角为35°左右，其余新梢留几片叶摘心，4～6周后再检查1遍，把多余的及位置不当的枝去掉。若夏季修剪做得好，冬季选择主枝时就容易。通常选留3个主枝，这3个主枝要均匀分布，距离15～20厘米。

定植后第二年，夏剪开张主枝角度，疏除徒长枝、竞争枝，改善光照条件；同时对辅养枝进行摘心，以缓和长势，促进花芽的形成。冬剪时每个主枝在距基部40～50厘米处留外芽剪截。剪口下第二或第三芽留在不同方向，以利培养侧枝。疏除徒长枝、直立枝、交叉枝、重叠枝、辅养枝开张角度，以利成花结果。

定植后第三年，夏剪方法同1~2年，主要是控制辅养枝旺长，促进花芽形成。冬剪时，剪截主枝延长头，使剪口下第二或第三芽位于第一侧枝相反方向，以利培养第二侧枝。第一侧枝适当短截。轻剪辅养枝，疏除徒长枝、竞争枝和背上直立枝。

扁桃第三年开始结果，但树冠体积还未达到预定体积，仍应对主枝延长枝短截增势，延伸扩大树冠。对结果枝组细心培养，交错安排结果枝组。大型结果枝组主要排列在骨干枝背上向两侧斜生，骨干枝背后，也可配置大型结果枝组；中型结果枝组主要排列在骨干枝两侧，或安排在大型枝组之间；小型结果枝组主要安排在树冠外围和骨干枝背后，有空就留，无空就疏。对于内膛直立旺长枝，如果是在树冠内直立生长的新枝要及时从基部疏除，以免竞争过多养分影响树体扩冠，扰乱树形。有空间可留2个副梢剪截，培养枝组。幼树生长势强旺，主枝上的副梢多而且生长势强，大部分副梢可以结果，少量粗度为1厘米左右的可用作结果枝组，在主枝剪口芽下20厘米范围内的副梢，其角度、方向合适的可培养成结果枝组和侧枝，剪留长度25~30厘米。

定植后4~5年夏剪方法同上年。冬剪时，要选留第三侧枝，适当剪截各级骨干枝延长头，以扩树冠；控制徒长枝、疏除过密枝、长放辅养枝并培养各类结果枝组。

(二)盛果期树的修剪

扁桃定植第五年后开始进入结果盛期，盛果期树冠内各级枝组延长生长量大大减退，各类枝组齐备，树冠整形完成，短果枝大量形成，株、行间空隙还比较大，需注意整形修剪，调节结果与生长的关系，更新枝组，防止早衰，延长盛果期。对各级枝的延长枝进行适当的短剪，促进结果枝形成和适当的发展。盛果期树冠布满空间，不能向外扩展，延长枝全部长放，结束延长生长，促使顶端也大量形成结果枝。

扁桃多数品种以极短果枝结果为主，短枝的结果能力一般维持 5~7 年，所以每年要有计划地更新 20% 的结果枝。各级枝上的结果枝组，依生长情况进行修剪，有发展空间的大型强壮结果枝组，先轻剪控制旺长，使其早结实，充分利用其结实能力，结果后有比例地回缩，剪口下短枝留 7~8 个芽短，中型结果枝组，轻度缩剪，以较弱枝作枝头，使其不再扩大，保持在一定范围内结果；小型结果枝组，根据情况进行缩剪，促使抽生强枝。结果枝组过密时适当疏剪，去弱留强、去小留大、去直立留平斜，保持结果枝组健壮紧凑，枝组上的枝条要注意轻重交替进行修剪，因势利导、因枝修剪，防止以大改小和回缩过重，以巩固枝组，为控制结果部位外移，各类结果枝组的回缩修剪要交替进行，使枝组交替结果。修剪中注意在树冠内膛选留预备枝，进行更新复壮培养，促其转化为结果枝组。结果部位外移的大型辅养枝，进行重回缩，回缩 1/2~2/3，分枝多，连续结果衰退的各级枝组，需及时回缩更新，回缩到分枝处，使其复壮，每年短截 1~2 个中庸枝，促生新枝更替老枝。盛果后期树冠内膛光照不足，冠内枝条生长细弱或大量枯死，致使内膛秃光，要疏除衰老枝和过密枝，大大减少外围枝量。

（三）衰老期树的修剪

当树冠上部和外围结果枝组开始干枯，结果枝为单花芽，产量显著下降，主枝、副主枝上的隐芽萌生徒长枝时，象征衰老期的来临。此时要及时进行更新修剪，着重回缩光秃的大枝，进行压缩修剪，借树冠内膛徒长枝作枝头，对新生枝结合夏季抹芽、疏枝、摘心，形成结果枝组。结果枝组布局，尽量不远离骨干枝，保持内大外小、均匀分布。同侧大型结果枝组在 8 个分枝以上，相距 50 厘米，中型结果枝组 4~8 个，相距 30~50 厘米，小型结果枝组 2~4 个，插空分布，相距 15 厘米左右，疏除没有生长能力的中小枝，适当疏剪过密枝，去弱留强，留下的小侧枝均短截 5~7 个芽，使之既能结果又能抽生新枝，从而恢复树势，逐年形成新的树冠，增加产量，延长结果年限。

第九章
扁桃病虫害防治灾害防护技术

一、病害与防治

(一)流胶病

流胶病主要危害枝干，引起主干、主枝甚至枝条出现流胶，导致树势衰弱，产量锐减，寿命缩短，直至死亡。扁桃流胶病的发病原因有两种：一种是非侵染性的，如机械损伤、病虫害、霜害、冻害等伤口引发流胶，或因管理粗放、修剪过重、结果过多、施肥不当、土壤黏重、接穗不良及砧穗不亲和等引起树体生理失调而引发流胶；另一种是由侵染性病原(如真菌)引起流胶。

1. 分布危害

流胶病是扁桃一种常见的严重病害，在我国南方扁桃区发生较重，一般果园发病率为30%~40%，重茬或粗放管理的果园发病率甚至高达90%，且多为复合型流胶病。

2. 症状

非侵染性流胶主要发生在主干和大枝上，严重时小枝也可发病。发病初期病部稍肿胀，后分泌出半透明、柔软的树胶，雨后流胶重，随后与空气接触变为褐色，成为晶莹、柔软的胶块，后干燥变成红褐色至茶褐色的坚硬胶块。随着流胶数量增加，病部皮层及木质部逐渐变褐腐朽，致使树势越来越弱，严重时导致树体死亡。一般情况下，流胶病表现为雨季发病重、大龄树发病重。

侵染性流胶主要危害枝干，也侵染果实，病菌侵入当年生新梢，在新梢上产生以皮孔为中心的瘤状突起病斑，但不流胶；翌年5月，瘤皮开裂，流出无色半透明黏状物，后变为茶褐色硬块，病部凹陷成圆形或不规则斑块，其上散生小黑点。

3. 发生规律

侵染性流胶病以菌丝体、分生孢子器在病枝里越冬，翌年 3 月下旬至 4 月中旬散发分生孢子，随风、雨传播，主要经伤口、皮孔侵入，成为新梢初次感病的主要病原。一般地区一年有两个发病高峰。第一次在 5 月上旬至 6 月上旬；第二次在 8 月上旬至 9 月上旬。

4. 防治措施

加强栽培管理，增强树势，要多施有机肥，适量增施磷钾肥，中后期控制氮肥。合理修剪，保持稳定的树势。雨季适时排水，降低果园湿度，改善通风透光条件。结合冬季修剪清园消毒，消灭越冬菌源、虫卵。

药剂防治在树体发芽前，通体喷洒多尔波液或石硫合剂。在 5 月上旬至 6 月上旬、8 月上旬至 9 月上旬两个发病高峰期之前，喷洒 80% 甲基硫菌灵 1500 倍液、或 50% 多菌灵可湿粉 600 ~ 800 倍液，或 50% 克菌丹可湿粉 400 ~ 500 倍液等，每 7 ~ 10 天喷一次，交替使用。

（二）细菌性穿孔病

1. 分布危害

细菌性穿孔病是一种危害性很大的重要病害，严重威胁核果类果树的生产，分布广，发病率高，全国各产区均有发生。在空气湿度过大的地区或高湿多雨季节，发病严重。

2. 症状

主要危害叶片，也侵染新梢和果实。受害叶片产生半透明、油浸状小斑点，后逐渐扩大呈圆形或不规则圆形，紫褐色或褐色，周围有黄绿色晕环。空气潮湿时，在病斑的背面常溢出黄白色胶黏状的菌脓，后期病斑干枯，在病斑和健康交界处发生裂纹，很易脱落形成穿孔。枝梢上有两种病斑：一种称春季溃疡病，另一种称夏季溃疡病。春季溃疡病病斑油浸状，微带褐色，稍隆起，春末病部表皮破裂成溃疡。夏季溃疡多发生在嫩梢上，环绕皮孔形成油浸状、暗紫色斑点，中央稍下陷，并有油浸状的边缘。

幼果感病后，初期果面发生水浸状、暗紫色、中央稍凹陷的圆形病斑。空气湿度大时，病斑面出现黄白色、黏质物质，空气干燥时病斑出现裂纹。

3. 发生规律

病原细菌在枝梢的春季溃疡斑组织内越冬，翌年春季随气温上升，从溃疡病斑内溢出菌液，借风雨及昆虫传播，从叶上的气孔和枝梢、果实上的皮孔侵入，进行初侵染。病害一般在5月上中旬开始发生，6月多雨期蔓延最快。温暖多雨的气候有利于发病，大风和重雾能促进病害的盛发。树势衰弱、通风不良、偏施氮肥等发病重，早熟品种比晚熟品种发病轻。

4. 防治措施

①加强栽培管理，降低土壤和空气湿度；改良果园土壤，增施有机肥和磷钾肥；合理修剪，改善通风透光条件。

②清除越冬菌源，在10～12月临近休眠期，结合冬季清园和修剪，清除枯枝、病梢、病叶、病果，集中烧毁，消灭越冬菌源。

③药剂防治，芽萌动前，喷洒3～5波美度石硫合剂或45%晶体石硫合剂30倍液。5月病害开始发生前，喷洒1:1:100的波尔多液，或65%代森锌可湿性粉剂500倍液，或硫酸锌石灰液(硫酸锌0.5千克、消石灰2千克、水120千克)，或72%农用链霉素可湿性粉剂300倍液等。

(三)褐腐病

1. 分布危害

褐腐病是扁桃的重要病害之一。江淮流域每年都有发生，北方则在多雨年发生较多。

2. 症状

主要危害果实，也可危害花、叶、茎，从幼果至成熟期均可发病，以果实接近成熟后发病重。果实被害初期，在果面产生褐色圆形病斑，果肉也随之变褐软腐，继而在病斑表面生出灰褐色绒状霉丛，常呈同心轮纹状排列，病果腐烂后易脱落，或失水后变成腐果。花部受害表现为自花瓣尖端开始，先发生褐色水渍状斑点，后逐渐延至全花，即变褐而枯萎。嫩叶表现为自叶缘开始，病部变褐垂，最后病叶残留枝上。新梢上形成病斑，长圆形，中央稍凹陷，灰褐色，边缘紫褐色，常发生流胶。

3. 发生规律

主要以菌丝体在树上及落地的僵果内或枝梢病斑部越冬，翌年春季产生大量分生孢子，借风雨、昆虫传播，通过病虫伤、机械损伤或自然孔口侵入。花期遇低温、潮湿多雨，易引起花腐。果实成熟期温暖多雨雾易引起果腐。病虫伤、冰雹伤、机械伤、裂果等表面伤口多，会加重该病的发生。树势衰弱、管理不善、枝叶过密、地势较低的果园发病较重。果实贮运中如遇高温、高湿，利于病害发展。

4. 防治措施

①清除越冬菌源，结合冬剪彻底清除树上树下的病枝、病果，消灭越冬菌源。

②及时防治害虫如桃蛀螟、食心虫等，减少树体、果面伤口，减轻危害。及时修剪、疏果，通风透光，合理施肥，增强树势，提高抗病能力。

③药剂防治，树体萌芽防动前喷洒3～5波美度石硫合剂＋80%五氯酚钠200～300倍液。花前花后各喷一次50%腐霉利可湿性粉剂2000倍液，或50%苯菌灵可湿性粉剂1500倍液，或65%代森锌可湿性粉剂500倍液，或70%甲基硫菌灵可湿性粉剂1000倍液，或50%异菌脲可湿性粉剂1500倍液。发病严重的果园可每15天喷一次药，采收前3周停喷。

（四）疮痂病

1. 分布危害

我国各地均有发生，尤以高温多湿的江浙一带发病最重。

2. 症状

主要危害果实，亦危害叶片和枝梢。果实发病最初出现暗绿色至黑色圆形小斑点，逐渐扩大至直径为 2 ~ 3 毫米的病斑，病斑周围始终保持绿色，严重时病斑聚合连片成疮痂状，果实近成熟时病斑变成紫黑色或黑色。该病只侵害果实表皮，病部果皮停止生长，而果肉仍不断生长，因此病斑往往开裂，但裂口浅而小，一般不会引起果实腐烂。

新梢被害后，呈现长圆形、浅褐色病斑，后变为暗褐色，并进一步扩大，病部隆起，常发生流胶。病、健组织界限明显，病菌亦只在表层危害，并不深入内部。叶片受害表现为叶背呈现不规则形或多角形灰绿色病斑，后转为紫红色，最后干枯脱落或形成空孔。

3. 发生规律

病菌以菌丝体在枝梢病组织内越冬，翌年春季气温上升，产生新的分生孢子，由风雨传播进行初侵染。5 ~ 6 月多雨潮湿时发病严重。病菌侵入后，潜伏期较长，叶片及枝梢接种后，需经 25 ~ 45 天才能发病，果实上潜伏期更长，可达 42 ~ 77 天。因此，田间表现为早熟品种发病轻，中熟品种次之，晚熟品种较重。果园低湿、排水不良、通风不畅、修剪粗糙、管理粗放等，均加重病害的发生。

4. 防治措施

①结合修剪，清除病枝减少越冬病源。

②加强田间管理适时排水、通风透光，增强树势。

③药剂防治，萌芽前喷 3 ~ 5 波美度石硫合剂，落花后 20 天，每半个月喷药一次，可用 70% 甲基硫菌灵可湿性粉剂 1000 倍液，或 65% 代森锌可湿性粉剂 500 倍液，或 50% 多菌灵可湿性粉剂 800 倍液，或 40% 氟硅唑乳油 1000 倍液等，交替使用。

（五）炭疽病

1. 分布危害

炭疽病是我国扁桃主要病害，分布于全国各产区，南方产区受害最重，发病严重时，果实受害率可达 80% 以上，损失惨重。

2. 症状

扁桃花器被炭疽病侵染后逐渐枯竭，并在花冠上出现枯黄色孢子小液滴。叶片感染后，叶缘或叶尖先产生黄色不规则病斑，果实表面出现少量枯黄色斑是果实初期感染的典型症状。果实感染后病原常常侵染到果心，后期果实感染大约发生在 6 月，病斑颜色由枯黄到褐色，并常常出现呈多种形状的琥珀色胶状体。随时间推移，受侵染果实渐渐木质化，影响枝、叶生长发育，甚至导致大枝枯萎。该病主要危害果实，也侵染叶片和新梢。幼果受害后，初期出现淡褐色水渍状病斑，后随果实膨大病斑呈圆形或椭圆形，红褐色，中心凹陷，气候潮湿时，在病部长出红色小粒点。幼果染病后停止生长，导致早期落果；气候干燥时，形成果。成熟果的病斑呈明显的同心环状皱缩。叶片病斑呈圆形或不规则形，淡褐色。病、健部界限明显，后期病斑为灰褐色，干枯脱落，造成穿孔。新梢上病斑呈长椭圆形，暗褐色，稍凹陷。病梢叶片呈上卷状，严重时枝梢常枯死。

3. 发生规律

扁桃炭疽病病菌是一种真菌。这种病原菌在木质部深层或在树上残存的僵果内越冬。病原菌的白色菌丝体常常出现于开裂的染病果实上，在潮湿条件下，在病组织内大量产生分生孢子，并通过雨水飞溅进行传播。花器、叶片、果实均可感染。该病菌以菌丝在病枝、病果中越冬，翌年遇适宜的温湿条件，即平均气温达 12℃、相对湿度达 80% 以上时，开始形成孢子，借助风雨、昆虫等进行传播，形成第一次侵染。该病危害时间长，整个生长期均可感染。高湿是该病发生与流行的主导诱因。开花及幼果期低温多雨，果实成熟期多云多雾、高湿均利于发病。土壤黏重、排水不良、施氮过多、粗放管理、树冠郁闭的扁桃园，发病严重。

4. 防治措施

①建园选址切忌在低洼地、排水不良的黏重地块建园，若必须在这类地块建园，则需起垄栽植，并注意选择抗病品种。

②加强栽培管理，多施有机肥和磷钾肥，适时夏剪，改善树体结构，加强通风透光。结合冬季修剪和清园清除树上的枯枝、病果和地面的落果落叶，集中烧毁或深埋，以减少传染源。

③药剂防治，萌芽前清除病源，喷 3 ~ 5 波美度石硫合剂，加 80% 的五氯酚钠 200 ~ 300 倍液，或 1：1：100 的波尔多液。花前喷一次药，落花后每隔 10 天左右喷一次，共喷 3 ~ 4 次。药剂可用 70% 甲基硫菌灵可湿性粉剂 1000 倍液，或 80% 炭疽福美可湿性粉剂 800 倍液，或 50% 多菌灵可湿性粉剂 600 ~ 800 倍液，或 50% 克菌丹 400 ~ 500 倍液，或 50% 退菌特可湿性粉剂 1000 倍液。另外，药剂应交替使用，防止病菌形成对单一药剂的抗药性。

（六）腐烂病

1. 分布危害

在我国大部分产区均有发生，是扁桃生产中危害性很大的一种枝干病害。

2. 症状

主要危害树皮，造成腐烂。主干、主枝、侧枝以及苗木均可发生，枝干症状有以下两种类型。

①溃疡型，多发生于枝干阳面枝杈处，初期树皮变浅褐色或红褐色，稍膨胀，组织松软，手压即可凹陷并流出黄褐色汁液，有酒精气味，烂皮易剥离，以后病部失水干燥，变黑褐色或黑色小疣状物，潮湿时从中溢出黄色、橘黄色丝状卷曲的孢子，孢子遇水溶解，病斑与健康交界处有时开裂。

②枝枯型，多发生在生长衰弱树的大枝及小枝上，病害发展很快，当病斑包围枝干一周时病枝枯死，叶片黄落，严重时可造成大枝或整树枯死，枯死枝干上密生黑色小疣状物。

3. 发生规律

腐烂病是一种真菌病害。该病病原寄生性较弱，以菌丝体、分生孢子在病树皮内越冬。孢子借风、雨传播，从虫伤、冻伤、机械伤处侵入。在粗放管理的果园，当树体受冻或机械损伤后，树势生长衰弱，发病严重，健壮树即使带菌一般也不会发病。

4. 防治措施

加强栽培管理，适时适量灌溉，增施有机肥，及时防治虫害。7月和入冬前，将树干涂白进行保护，可提高抗病能力。休眠期清除病树、病枝，需剪除并烧毁病枝。生长期要定期检查树干、树枝，发现病斑及时防治，防止扩大蔓延，刮去烂皮，在病斑外 0.5~1 厘米下刀，沿病斑切至木质部，将患病部位削成菱形或椭圆形，边缘要平滑，然后涂 5~10 波美度石硫合剂进行消毒，再涂铅油或煤焦油等保护伤口。

（七）叶枯病

扁桃叶枯病可导致叶片迅速干枯死亡。从春季到夏季均可发生，表现为叶片变褐，直至死亡。病源以黑色子实体在枯叶叶柄上越冬，孢子黑色，略有弯曲，常常由 4~5 个病菌细胞组成。

防治方法：修剪时应彻底清除枯枝，集中烧毁，及时消除越冬菌源。初次用药以病叶率达 10% 左右时为宜，可选用下列药剂进行防治：1:2:200 的波尔多液，或 70% 代森锰锌可湿性粉剂 400~600倍液，或 50% 扑海因可湿性粉剂 2000 倍液，或 75% 甲基硫菌灵悬浮液 500~600 倍液等。一般喷药间隔为 10~20 天，共喷 3~4 次。

二、虫害与防治

（一）桃蛀螟

1. 分布

桃蛀螟属于鳞翅目螟蛾科。在我国各地均有分布，在长江以南危害扁桃果特别严重，是一种食性很杂的害虫。除危害扁桃外，还危害桃、杏、李、苹果、梨以及高粱等作物。

2. 症状

以幼虫蛀食危害，从果柄基部入果核，蛀孔处常流出黄褐色透明胶，周围堆积有大红色虫粪，果实易腐烂、脱落。

3. 形态特征

成虫体长 10 毫米左右，全身橙黄色，体背及翅正面散生大小不等的黑斑。卵椭圆形，稍扁平，长径0.6~0.7毫米，初为乳白色，后断变红褐色。幼虫老熟时体长18~25毫米，体色多变，有暗紫红色、淡褐色、浅灰色等，腹面绿色。体长10~14毫米，初为淡黄绿色，后变深褐色。

4. 发生规律

华北地区一年发生2~3代，长江流域4~5代，以老熟幼虫在被害的僵果、树皮裂缝、坝堰乱石缝隙等地越冬。华北地区越冬幼虫4月开始化，5月上中旬羽化。7月上旬为第一代成虫产卵盛期，7月中旬发生第二代幼虫，8月中下旬是第三代幼虫发生期。

5. 防治措施

冬季或早春刮除老翘皮，清除越冬茧。生长季及时摘除被害果。从6月中下旬开始，果实套袋保护。在第一、二代产卵高峰期及幼虫孵化期，喷洒菊酯类农药1500~3000倍液，或50%辛硫磷150倍液，或5%氟铃脲乳油200倍液等以保护果实，间隔期10天左右，连喷两次。

(二) 桃小食心虫

1. 分布

桃小食心虫属于鳞翅目蛀果科，在北方，主要危害苹果、梨、山楂、枣、桃、扁桃等。

2. 症状

以幼虫蛀果危害。幼虫孵出后蛀入果实，蛀孔常有流胶点，不久变干，呈白色蜡质粉末。幼虫在果实内串食果肉，并将粪便排在果内，形成"豆沙馅"果。幼虫发育老熟后，从果内爬出，在果面上留下一圆形脱果孔，孔径约0.7毫米。

3. 形态特征

成虫体长7~8毫米，翅展16~18毫米，体灰白色或浅灰褐色，前翅中部有一蓝灰色三角形大斑，基部及中央部分具7片黄褐色斜立鳞片。卵椭圆形，深红色，卵上有"Y"形刺。幼龄幼虫体白色，末龄幼虫全体为桃红色，体长13~16毫米，腹足趾钩排成单序环式，无臀节，体长 6.5~8.6 毫米，淡黄白至黄褐色，体壁光滑无。

4. 发生规律

桃小食心虫是世界性果树害虫，我国大部分果区均有发生，该虫每年发生 1~2 代，一般以第二代幼虫危害扁桃果实。幼虫在果实内生活约 17 天后老熟，由内向外咬一小孔，入土结茧。在我国北方地区，桃小食心虫于 5 月中旬开始破茧出土，6 月中旬为盛期，此阶段一直持续到 7 月中旬。幼虫在地面分布范围主要在树干周围 1 米以内、深度 3~8 厘米的土壤中，最深可达 15 厘米。

5. 防治措施

（1）农业防治

在越冬幼虫出土前，将树根基部土壤扒开 13~16 厘米，清除越冬茧，或树盘覆地膜，阻止成虫羽化后飞出。于第一代幼虫脱果时，结合压绿肥进行树盘培土，每 10 天摘一次虫果。

（2）地面防治

越冬幼虫出土前，用 50% 辛硫磷乳油 100 倍液，或 50% 二嗪磷乳油 200~300 倍液，或 3% 辛硫磷颗粒，或 5% 毒死蜱颗粒 2~3 千克/亩，喷洒树盘，并浅锄土壤。

（3）树上防治

在成虫羽化产卵及幼虫孵化期及时进行树上化学防治。可用 50% 辛硫磷 1500 倍液加菊酯类农药 1500~2000 倍液喷雾，重点是果实，每代喷 2 次，间隔 10~15 天。

（三）梨小食心虫

1. 分布

梨小食心虫是卷蛾科，小食心虫属的昆虫。该虫是几乎遍布全世界的一种落叶果树害虫，它最喜欢的寄主为蔷薇科植物，主要危害植物的新梢和果实。

2. 形态特征

成虫灰色至淡褐色，个体较小，体长 5~6 毫米，翅展 10~15 毫米。虫卵黄白色，半透明，扁椭圆形，裸露，散生，直径约 1 毫米。

产卵位置在叶片的表面、生长点或接近生长点边缘，或在即将成熟的果实上。幼虫初孵时，虫体除头部为褐色外，其他部位为白色。老熟幼虫体长 10～13 毫米，头褐色，体色桃红。幼虫期 11～35 天。蛹黄褐色，椭圆形，蛹存在于较结实的丝制虫茧中。

3. 发生规律

梨小食心虫每年最少发生 3 代，多雨年份代数增加，最多可发生 7 代。以老熟幼虫在树皮裂缝及树干基部的土、石缝中结茧越冬。翌年 4 月上旬开始化蛹。成虫羽化后开始产卵，主要在新梢上，一头雌虫产卵 50～100 粒。一头幼虫可转移危害 2～3 个新梢。第一至二代幼虫主要危害核果类树种，7 月后主要危害梨果。梨小食心虫幼虫的另一危害方式是直接取食果实。虽然卵大多分布在叶片上，但仍有相当多的卵产在 3～4 周龄的果实上。幼虫可从任何部位蛀入果实，在近成熟的果实上蛀道危害。梨小食心虫在扁桃上最初危害并不严重，被害果率不足 0.2%，后来逐渐在一些地方开始发生，可危害扁桃核仁。在果实开裂期，梨小食心虫开始从幼茎转移，通过果实裂缝等进入果核。

4. 防治措施

①诱杀防治，从 4 月下旬起，开始在扁桃园挂梨小食心虫的诱杀器。

②人工预防，冬季刮老翘树皮，集中烧毁。春季发现新梢顶端叶片变色、枯萎时，应及时剪除所有被害枝梢，并集中烧段。

③化学防治，如遇特殊年份或者其他原因而危害严重时，可选用 1.8% 阿维菌素 3000 倍液或 25% 灭幼脲 3 号 1000～2000 倍液，或菊酯类农药 1500～2500 倍液进行喷洒防治。

(四)蚜虫类

危害扁桃的蚜虫主要有桃蚜(*Myzus persicae*)、桃粉蚜(*Hyalopterus arundinis*)和桃瘤蚜(*Myzus momonis*)3 种。

1. 症状

3 种蚜虫均在叶背面危害，但被害叶卷曲方式不同。桃蚜被害叶向背面不规则卷曲，桃粉蚜危害叶向背面对合纵卷，叶上有白色蜡粉；桃瘤蚜被害叶向背面纵卷，卷曲部分组织肥厚，凹凸不平，初呈淡绿色，后变红色。

2. 形态特征

①无翅胎生雌蚜，桃蚜黄绿色或赤褐色，腹管较长；粉蚜绿色，尾片长而大，体表覆白粉；瘤蚜淡黄褐色，腹管短小，有瓦片状纹，额瘤明显。

②有翅胎生雌蚜，桃蚜头、胸部黑色，额瘤显著，腹部中央有黑斑，腹管长；粉蚜头、胸部暗黄色，额瘤不显著，腹部有白粉；瘤蚜体淡黄褐色，额瘤显著，腹管上有覆瓦状纹。

3. 发生规律

北方每年发生20~30代，南方30~40代。生活周期类型属乔迁式。北方主要以卵、雌蚜在枝条芽腋间、裂缝处、翘皮下、病残叶等处越冬。翌年春季，卵开始解化，以孤雄胎生方式繁殖危害，5月下旬危害最为严重。夏季有翅蚜陆续迁至其他寄主上危害，秋季又迁回扁桃、桃树上越冬。春末夏初及秋季是蚜虫危害严重的季节。树体施氮肥过多或生长不良，均有利蚜虫危害。

4. 防治措施

由于蚜虫年发生代数太多，且迁移性很强，所以生产上以化学防治为主要手段。常用药剂：10%吡虫啉1500倍液或菊酯类1500~2500倍液及其复配剂。

（五）红蜘蛛

红蜘蛛又名叶螨，属于蛛形纲目叶蜗科。目前果园常见有两种红蜘蛛：一种是山楂红蜘蛛，一种是苹果红蜘蛛，有时二者混合发生。此外，红蜘蛛还是病毒病的传媒。

1. 形态特征

雌螨有4对足，体形椭圆，背前方稍隆起，分为冬型和夏型。夏型体较大，长约0.6毫米，初为红色，后变暗红色，冬型体较小，长约0.4毫米，朱红色。雄螨为枣核形，绿色或橙黄色。卵为圆球形，表面光滑有光泽，橙红色。幼螨淡绿色，圆形，有 3 对足。若螨卵圆形，绿色。

2. 发生规律

红蜘蛛一年发生 5～9 代，以受精雌成虫在树干或枝条的粗皮缝隙内和树干基部的土石缝内越冬。越冬成虫在翌年花芽膨大时开始出蛰，并上树活动。先危害芽和花，展叶后转移到叶背。经 10 余天后，在叶上产卵。若螨孵化后，群集于叶背吸食危害。这时越冬雌虫大部分死亡，而新出现的雌虫还未能产卵，这是用药防治的有效时机，之后，世代重叠，各种虫态都有，用药防治就困难了，在 5、6 月和 7、8 月繁殖快，常引起大量落叶。7 月下旬出现鲜红色的越冬雄螨。一般 9 月以后陆续出现越冬雄螨，潜伏越冬。

3. 防治方法

红蜘蛛体型较小，用肉眼直接观察不易发现。可以用解剖镜或放大镜来观察，也可以先取一张白纸，再摘取受害叶片或枝，在纸面上连续拍打几下，检查纸面上是否有"小黑点"在移动，即可辨明。

①关键防治时期，山楂红蜘蛛的防治有几个关键时期：越冬雌成虫出蛰盛期（大约 4 月中下旬）；第一代幼虫孵化盛期（扁桃落花后 7～10 天），第二代幼虫孵化盛期（落花后 25 天左右）。清除落叶，刮除老皮和粗皮，深耕树盘，消灭越冬雌虫。萌芽前喷 3～5 波美度石硫合剂。在越冬雌虫开始出蛰而花芽、幼叶又未开裂前用药最好。

②合理选用农药，发芽前用 3～5 波美度石硫合剂，发芽后至花前用 0.5 波美度石硫合剂，花后用 0.2 波美度石硫合剂，并加入 0.2%～0.3% 洗衣粉，以增强药剂黏着性。在 4 月下旬至 5 月上旬，越冬卵孵化盛期，用 40% 氧化乐果乳油 5～10 倍液在主干上涂 6～7 厘米宽的环。如树上有老皮，应先刮去再涂，1 周后再涂第二次，对红蜘蛛有很好防治效果。在越冬代成虫产卵及卵孵化盛期用 20% 四螨嗪 2500～3000 倍液可有效控制卵及若螨 2～3 个月。大发生期，可用 15% 哒螨灵可湿性粉剂 1500 倍液，或 1.8% 阿维菌素 2500～3000 液，或 25% 三唑锡可湿性粉剂 3000 倍液，或 75% 炔螨特 3000 倍液

等防治效果较好。

③加强栽培管理，增强树势，提高抵抗力，红蜘蛛一般多发生在树势较弱的树上，尤其在老果园、管理粗放的果园发生较为严重。清除枝干上的枯叶、落叶及杂草等，在早春时刮除主干、主枝上的老粗皮，集中烧毁，消灭越冬卵。

（六）桑白蚧

1. 形态特征

桑白蚧是盾蚧科拟白轮盾介属的一种昆虫，雄虫无翅，梨形，长约 1.3 毫米。体扁平，淡黄色，头胸分节不明显，足退化，上盖介壳，介壳笠帽形，直径 1.7 ~ 2.8 毫米，白色或灰白色，中央有一橙黄点，为若虫脱下的皮形成的壳点。雌虫橙黄或橘红色，长 0.65 毫米，前翅白色透明、膜质，超过体长，后翅退化成人形平衡棒，胸部发达，口器退化。雄性介壳长椭圆形，白色海绵状，背面有 3 条隆起线，前端有黄色壳点。卵椭圆形，白色或淡红色。若虫椭圆形。1 龄若虫足 3 对，腹部有 2 根较长的刚毛。2 龄若虫均为雌性，其足、触角及刚毛均退化消失。蛹长椭圆形，橙黄色。

2. 发生规律

黄河流域为 2 代，长江流域为 3 代，海南、广东为 5 代，均以受精雌虫在枝条上越冬。虫卵多产，在母体介壳下面，其数量随寄主植物而有差别。初孵若虫活跃喜爬，5 ~ 11 小时后固定吸食地点，不久便分泌蜡质覆盖于体背，逐渐形成介壳。雌若虫经 3 次蜕皮后变成无翅成虫，雄若虫经 2 次蜕皮后化蛹。

3. 防治措施

①在北方地区，于扁桃休眠期用硬毛刷或钢丝清除枝条上的越冬虫，剪除受害严重的枝条，之后喷洒 5% 矿物油乳剂成机油乳剂。

②保护和利用其天敌，桑白蚧的寄生性天敌有扑虱蚜小蜂和黄金小蜂，捕食性天敌有日本方头甲、蓝红点唇瓢虫、红点唇瓢虫等。

③喷洒或涂抹柴油和肥皂水防治，在介壳尚未形成的初卵若虫阶段，用 10% 的柴油和肥皂水混合后，喷雾或涂抹树体，或 50% 马

拉硫磷乳油 1000 液喷雾，在桑白蚧低龄若虫期，用 20 倍的石油乳剂加 0.1% 的上述杀虫剂中的任一种进行喷洒。成虫阶段，其防治较为困难，可用 20~25 型洗衣粉 20% 溶液涂抹，或加柴油 1 千克，兑水 25 千克，喷淋或涂抹，可起到一定的防治作用。

④在虫卵孵化盛期，可用 50% 马拉硫磷乳油 1000 倍液，或 40% 亚胺硫磷乳剂 500~800 倍液均有较好效果。在介壳形成初期，可用 40% 杀扑磷 1500 倍液，或 25% 扑虱灵 2000 倍液，或 95% 机油乳剂 200 倍液加 40% 水胺硫磷 1000 倍液喷雾，其防治效果显著。在介壳形成期（即成虫期），可用松碱合剂 20 倍液，或机油乳剂 60~80 倍液，或用洗衣粉、煤油、水配比为 2:1:25 混匀，在春末夏初及冬季均匀喷雾，溶解介壳，杀死成虫。

（七）斑翅棕尾毒蛾

斑翅棕尾毒蛾，鳞翅目毒蛾科，广泛分布于新疆各地，主要以越冬幼虫危害扁桃的花芽和花，并危害刚萌芽的嫩叶，造成严重损失。

1. 形态特征

成虫体长 15~20 毫米，翅长 33~41 毫米，体为白色，触角栉齿状。雄蛾双栉齿状，呈羽形，棕黄色，雌体粗壮，雄体较瘦弱，胸腹部密布白色毛，雌蛾腹部末端，有一团金黄线毛，雄蛾较少，呈毛笔状，前翅中室顶横脉上，有一较大环形黄褐色斑点。卵圆形，底平，橘黄色。幼虫体黑褐色，胸部及各体节上瘤和气孔周，密布黄毛丛，第四、五、十一体节背部黑色，腹背各节上方两边各有一条棕黑色，各体节瘤间有黑斑连接，形成两条黑色纵带，背部两侧各节亦有一稍小的瘤，第九、十体节背部中央各有一红色肉。新体长 15~20 毫米，深褐色，长圆形。

2. 发生规律

每年发生 1 代，以 2~3 龄幼虫在果树枝杈处及树干基部群集数十条或数百条结丝巢越冬。翌年 3 月中下旬活动，4 月下旬幼虫老熟，在树干裂缝结茧化蛹，蛹期 4~8 天。成虫产卵成堆状，上有棕毛覆盖，卵期 18~20 天，幼虫具有群集活动的习性。

3. 防治方法

以早春时人工捉幼虫效果最佳。早春幼虫未爬出丝巢以前，用木棒或人工摘除，消灭比较彻底。4 月末至 5 月初，用灯光诱杀成虫效果也好。药剂防治，使用 98% 敌百虫 1000 倍液喷洒幼虫，杀虫率可达 100%。

（八）脐橙蛾

又称蛀虫脐橙，是扁桃的一种主要害虫。

1. 形态特征

成虫银灰色，前端具不规则黑斑，翅展 16~27 毫米，干热条件下只存活几天，湿凉气候下可存活几周。卵初产时白色，扁平椭圆形，表面有不规则网纹；经 24~48 小时，变为粉红色。雌虫常于羽化后次日产卵，产卵可延续 1~3 周，平均产卵量 85 粒（3~250 粒），卵产于寄主树的果面、果梗和靠近果实的小枝上。卵期 4~23 天。幼虫橘红色，初期时乳白色，2~6 龄为粉红色头，壳红褐色，上生少量短毛。马蹄状的骨片着生于中胸两侧、中足上方，是其明显特征。仲夏时节，幼虫仅用 21 天完成发育，冬季则需 3 个月。老熟幼虫体长 16~23 毫米，红色，在被害果实中结茧。夏季蛹期 4~5 天，冬季或早春为几周。

2. 发生规律

脐橙蛾无滞育现象，以各种虫态在树上或地面的僵果中越冬。3月下旬到 5 月，陆续进入成虫期。僵果或果实是其唯一的越冬场所，果实是幼虫的唯一食物。雌虫 4~5 月产卵，当年一代出现在 6 月下旬至 7 月上旬，多产卵于当年幼果上，第二代幼虫在果实上发育期为 7~8 月，二代蛾出现于 8~10 月，产卵于近成熟果实上，并孵化形成第三代。第三代也叫越冬代，此代成虫将出现在翌年春季。脐橙蛾幼虫对扁桃核仁的危害在于，它能够从很微小的孔隙进入并蛀食整个核仁，7 月进入扁桃收获季节，常发现被寄生的坚果内核仁已被一至多头幼虫食空。

3. 防治方法

①清理果园，12月到翌年2月，清除树上残存僵果；落入地面杂草中的果实收集敲碎。清理果园可使全年生长季脐橙蛾发生率降低70%。

②夏季使用杀虫剂防治，有两个主要防治时期：一是在5月，即在当年第一代幼虫开始危害时防治；二是在7月，即在外果皮开裂时防治。

③在生长期使用杀虫剂的情况下，于果实开始开裂时进行防治用药，主要部位是树冠顶部和外层，因为这些地方的果实先裂，干旱地区果园的扁桃外果皮开裂早，在外果皮开裂初期还要注意控制桃枝螟。

（九）桃枝螟

桃枝螟是鳞翅目螟蛾科，是扁桃和桃的主要害虫之一，也危害其他核果类果树。未适当控制时，危害相当严重。

1. 形态特征

成虫体长8~11毫米，前翅面具铁灰色圆斑，雄虫比雌虫略小，成虫存活期最长5周，平均为2周。卵黄白色到橘红色，钝椭圆形，表面具网纹，产卵于果实表面、小枝尖端，或叶背主脉附近。幼虫头部深褐色或黑色，前胸背板为黑色与亮褐色带相间，腹部为环状带相间，幼虫4~5龄，春季发育期4周，夏季10天，老熟幼虫体长12毫米，蛹长6~10毫米，光滑，褐色，无茧。蛹常存在于扁桃干枝裂缝、粗皮裂缝及卷叶中，少量存在于地面或瓦砾下面，以及其他寄主中，而不常出现在果实上。蛹期4~11天，平均为7天。

2. 发生规律

该虫以1~2龄幼虫在1~3年生枝的枝杈、干翘树皮下做巢越冬，没有明显的休眠特性，当冬季天气温暖时，即可活动取食。幼虫老熟后离开枝条，在树体上寻找适当场所化蛹。越冬代成虫4~5月出现，产卵于枝尖或幼叶上，有时也产在幼果上。5~7月幼虫发生，当年第一代成虫出现在6月下旬至7月上旬，该时期的成虫产卵于近成熟的果实上，可持续到 8 月。幼虫取食果皮，造成果皮残缺，也会危害扁桃核仁。

3. 防治方法

在休眠期喷矿物油乳剂等杀虫剂，直接喷布，消灭越冬幼虫，有效率可达 95% 以上，此后在生长期也要注意防治。近年来，防治该虫的药剂有 Bt 乳剂，第一次防治在花蕾期到含苞待放期之间喷洒；第二次防治在花盛开期进行。性诱剂装置于 3 月 20 日前在果园挂入。将诱捕器挂在树体北部约一人高处，每园 5 个，每 2 周更换一次药芯，月底换一次粘板。如果每个诱捕器捕获超过 150 只，需更换。

三、禽兽危害与防治

（一）鼠、兽危害及防治

国内外扁桃产区常有齿类动物田鼠、野兔等啃食扁桃的根、坚果及树皮，并在地洞外堆土，妨碍果园管理和采收，同时，它们会啃咬损伤滴灌系统。冬春季节，兔、牛、羊、鹿等动物喜欢啃食扁桃幼树树皮和幼嫩枝叶，小树发育受到较大的影响，甚至死亡。而田鼠更喜欢咬食扁桃根，严重时可使整株死亡。野兔等啮齿动物对树体造成的伤害是非常严重的，可致幼树死亡或留下永久性伤害，影响果园生产。鼠类、兔类危害主要依靠人工进行防治。在树干上绑吊酒瓶可有效预防松鼠上树偷食果实，冬季树干涂白可很好地预防野兔、牲畜等啃食树皮，在树冠下撒诱饵（熟玉米拌老鼠药）和设捕鼠器，可有效捕杀咬食根系的地鼠和上树食果的松鼠等。

（二）禽类危害及防治

不同种类的鸟危害不同。乌鸦、黄鹊或啄木鸟能给扁桃树体带来严重伤害，欧洲八哥、山鸟和其他一些鸟类会取食扁桃果实；啄木鸟造成的树体伤口会导致病菌和虫类侵入；成年的麻雀和穴居类常常吃掉扁桃嫩芽。

近年来，随着打鸟、捕鸟等活动受到限制，鸟类数量明显增加，而鸟类对果园危害也随之增大。另外，由于田野、树木上的害虫数量因使用农药而被有效控制，鸟类食物的短缺迫使一些鸟类也啄食扁桃，不仅直接影响扁桃产量和质量，而且有助于病菌在伤口处大量繁殖，使许多正常的果实和树体发病。具体防治方法如下。

（1）设置防护网防鸟

面积较小的扁桃园，可在鸟类危害前用丝网、纱网等，将整个果园罩起来，以小鸟钻不进网孔为宜，采收后再撤网。

（2）驱鸟

①人工驱鸟，鸟类在一天中的清晨、中午、黄昏3个时段危害较为严重。每日提早来到果园，及时把鸟驱赶到园外。被赶出园外的鸟还可能再回来，因此每隔15分钟应驱赶一次，每个时段一般需驱鸟3~5次。

②音响驱鸟，将鞭炮声、叫声、敲打声等用录音机录下来，不定时地大音量播放，可驱鸟。

③置物驱鸟，在园中放置假人、假魔或在果园上空悬浮画有猫等图案的气球，短期内可防止害鸟入侵。

④烟雾驱鸟，在果园内或园边施放烟雾，可有效预防和驱散害鸟，但应注意勿在靠近果树处实施，以免烧伤枝叶、影响树体。

⑤反光膜驱鸟，在果园地面铺盖反光膜，反射的光线可使害鸟短期内不敢靠近果树。

第十章

扁桃采收与加工利用技术

一、采收

（一）采收期的确定

扁桃果实采收期随不同品种及不同地区而异。一般早熟品种 8 月上旬成熟，晚熟品种 9 月上中旬成熟。比较准确的判断标准是以果实发育的时间为准：早熟品种 110 天，中熟品种 125 天，晚熟品种 140 天。同一品种在炎热干旱地区成熟较早，而在湿润凉爽地区较晚。

扁桃的果实从形态上分为种壳（内果皮）和外皮（外、中果皮），当扁桃果实成熟时，外、中果皮变黄并沿缝合线部分开裂或全部开裂，开裂后逐渐干缩，从而很容易与内果皮分开，使果核外露。在树上，果实成熟的先后顺序是由树冠外围开始到树冠内膛。因此，当发现树冠内部果实开裂成熟时，就可进行采收了。采收一定要及时，如果采收时间早，如提前 10 天左右采收会使果皮不易剥落，并且发干、发硬、变黑，影响核仁品质；种仁重量可减少 20%，出油率也降低，同时采收时果实不易从树上脱落，伤枝严重。相反，如果采收时间晚，果皮果肉会干缩、硬化，核仁发黑，特别是一些纸壳类型的品种，就更会受到影响，导致食用价值降低。而且过晚采，一方面易遭鸟害，另一方面果核落地后，不易收集而影响产量。所以，适时采收是获得丰产、丰收，保证果仁质量的重要环节，一定要适时采收。

（二）采收方法

目前，扁桃的采收方法主要有两种，一种是人工采收，一种是机械采收。我国扁桃是以人工采收为主，而国外多数国家在扁桃采收方面已用机械化代替手工劳动，大大提高了采收效率，节省了采收时间。

1. 人工采收

扁桃生长的位置不同，果实成熟期也不一致，一般采摘扁桃果时应先采山坡、后采山顶，先采阳坡、后采阴坡，先采背风坡、后采迎风坡，做到熟一片采一片，不熟不采。成熟不一致的，要分批采收，要严格按品种分别采收，分别加工。

在平地或者是树冠较小时，就可直接手工采摘，将果实采下放入提篮、布袋或竹筐中，并在采摘过程结束后，把果实集中于运输车上，运至晾晒场进行晾晒。

在山坡地或者树冠较大时，事先在扁桃树盘内铺上帆布或塑料布，而后用长竿或者木棒敲打，摇动树枝，使果实落到帆布或塑料布上，再进行收集。但需注意不要用力过猛，以防敲打时损伤到枝叶，影响翌年产量。

在大面积的生产园，为提高采收速度，在有条件的情况下可使用采收车采收。采收车可自由移动，车上有固定长箱，用来装采好的果实，另外还有收集布，用来收集果实。收集布的一端固定于车厢的一侧，在移动时，将布从另一端折叠于车厢上就可随车移动。在使用时，先将车放于适当位置，然后拉开布，铺于树冠下，收集掉落的果实。一株树收集结束后，将布的另一端拉向车厢，果实进入车厢。如此反复进行，远比铺塑料布收集的效率高得多。

2. 机械采收

机械采收就是用机械将树桩或树干夹住，自动晃动树体，将果实晃落到地面后收集。它具有省时、省力、高效率、低成本的特点。

用机械手臂抓紧树体主干或主枝，然后按一定的频率震动，果实就会落下。注意频率过大会损伤树体，过小则不易使果实掉落。

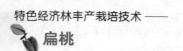
用捡拾机和堆积机将树下的果实收集好。

二、采后处理

（一）脱皮及取仁

1. 脱皮

采收后的果实要立即将果皮剥掉，一般用两种方法给果实脱皮。

（1）去皮机脱皮

适当给果实表面喷水，把果实放入去皮机。这样可以防止因果皮干燥而在脱皮过程中发生核壳的碎裂，从而保证果实去皮后的完整。

（2）化学试剂脱皮

采用5000毫克/千克的乙烯浸泡5分钟，泡后将果捞出来放在相对湿度75%~80%，气温维持在28~30℃的地方保持50小时，果核即可分离，脱青皮率可达95%以上。

2. 晾晒

脱皮后的果核内含有大量水分，应摊放在阳光充足的地方进行晾晒或者进行人工烘干，切忌暴晒，否则种仁易变黑。在此期间要不断翻动，一般5~6天后即可完全干透，摇动时果仁发出响声，即可收存起来，准备破核取仁。此时干果核的含水量应控制在5%~7%，不能超过10%。干好的果核色泽呈乳白色而有光泽，若颜色发暗，应用次氯酸钠进行漂白处理，方法为：在陶瓷缸内倒入次氯酸钠5~7倍的清水，溶解次氯酸钠，然后将刚洗净的扁桃核果倒入缸内，使漂白液浸没核果，搅拌3~5分钟，壳色变白时立即捞出，用清水冲洗掉次氯酸钠溶液洗干净后晾干备用。晾干后装袋置于干燥（湿度在10%以下）、冷凉、通风的室内条件下，为以后的破壳取仁做好准备。如果扁桃核没有完全晒干，内部的果仁就会发生霉坏或浸油等变质现象。为防止此现象发生，应当强调带核晾晒，这样既可使果仁水分蒸发，又可保证果仁质量。因此，晾晒扁桃核对提高种仁质量有重要作用。

3. 破壳取仁

破壳的方法有手工破壳和机器破壳两种。

(1) 手工破壳取仁

左手拇指和食指捏紧桃核的两端,右手持小锤敲击核棱,不要用力过猛,防止伤手以及砸碎核仁,这种方法虽然有很高的出仁率,但效率太低,不宜在大量生产中使用。另外也可以用绳套法或挖穴法,即用绳索圈成茶杯口大小的绳套,放在平稳的木墩或石板上,将一把果核放入绳套中,用硬木或平底石头砸击,果核受震即碎;石头或者硬木板等砸破果壳取仁,不过要适度用力,保证果仁的完整性。如采用挖穴法,即在砖头或者平整的石板上挖若干个穴,穴深约半个果核,将一把果核放入小穴内,用硬木板砸击,核碎仁出。

(2) 机械破壳取仁

通常采用压核机压碎壳取仁,每天可压核 500~1750 千克,效率远高于手工破壳,且在压核时要注意破碎率和破皮率。因此,压核前应将果核过筛分成大、中、小三等,压核时通过调整两个压轴间的距离,分别按大、中、小三等挤压,这可以有效提高扁桃仁的等级和效益。

4. 选仁分装

破壳后,果仁和碎壳混在一起,需要把各个级别的果仁分选开来,可用风车或簸箕先筛去一部分核皮然后挑选。也可用滑板选仁法即用一木板斜放在席子上(斜度为 35°),将混合的仁和皮顺木板溜下,并不断左右移摆,由于仁滑皮糙,果仁先滑下滚入席中,大部分核应留在簸箕或滑板上,然后稍经挑选,仁、皮即可分开。选仁时,要将损伤粒、未破开的小果核及杂质等分别存放,不能混入好果仁内。损伤粒包括:半粒、虫蛀粒、伤疤粒、破碎粒、不熟粒、霉坏粒、出油粒等。然后进行扁桃仁的分等,一般分 4 个等级,选好后,根据分等,进行包装。

①特等:无破碎、无破皮,单个仁体在 1 克以上。

②一等:无破皮,个体在 1 克以上。

③二等：无破碎，有 30% 的破皮。

④三等：有破碎 10%、破皮 20%，个体在 1 克以下。

（二）贮藏

扁桃种仁的生理代谢变化和成分变化相对比较稳定，这就使扁桃有着比其他果品相对更长的贮藏期，但在扁桃不立即出售或加工的情况下，就必须为扁桃提供一个适宜的贮藏条件，并采用合理的贮藏方法，以保证扁桃仁的新鲜度。

1. 贮藏条件

扁桃的贮藏期的长短与贮藏效果的好坏，由以下两个方面决定：一是自身条件，包括扁桃核果的破损度、含水量等，一般破损度越高，贮藏期越短，完整无缺的核果贮藏最长。相比之下，含水量是更为重要的决定因素，要求核果含水量不能超过真菌生长要求的最低量，而且果仁还必须保持其商品性，要有脆度耐咀嚼。有研究报道，扁桃带壳果仁贮藏期间含水量在 4.0%~8.0% 为适宜含水量。外界条件主要有：

（1）贮藏环境的温度

带壳的扁桃仁在 0℃ 时可贮 20 个月，10℃ 时可贮藏 16 个月，室温条件下可贮藏 8 个月。所以要长时间的贮藏扁桃，就应将温度控制在 0℃ 左右，一般 0~5℃ 即可。

（2）贮藏环境的相对湿度

控制相对湿度在 55%~65% 为宜。

（3）贮藏环境的气体成分与含量

①氧气：氧气是影响扁桃贮藏效果最主要的气体，氧气浓度过高会使霉菌大量出现，使扁桃仁腐败变质，进而还会促进害虫的繁殖活动，同样也会使扁桃仁受损变质。所以，降低环境中氧气的浓度十分必要，以氧浓度为 0.5% 以下为宜。

②二氧化碳：在氧气低于 1%，二氧化碳为 9%~9.5% 时，于 18℃ 贮藏扁桃 12 个月，可很好地保存果仁的品质与风味。

若在扁桃核内含有蛀虫，就会在贮藏期间对果仁进行破坏，影响贮藏效果和产品品质。要对害虫进行有效控制，可采用以下方法：

（1）低温冷冻处理

资料显示，温度在13℃以下时，可阻止害虫生长和繁殖，5℃下可有效控制害虫的危害，但温度不要低于0℃，与前面提到的贮藏最适温度一致即可。

（2）调节贮藏环境

调节贮藏环境中氧气和二氧化碳的浓度。

（3）物理方法

使用γ射线照射核果可抑制病原微生物生长，同时还可使害虫不育，甚至将之杀灭。

（4）化学方法

贮前可用二硫化碳熏蒸，能杀死潜伏在核果内的害虫。具体方法是在密闭条件下，每1000立方米用1.5千克二硫化碳，熏蒸18~24小时即可达到目的。

2. 贮藏方法

（1）室温贮藏

首先要确定扁桃核果已被完全晒干，而后将其装入麻袋或者布袋中，置于干燥、通风、阴凉处保存，要保证贮藏地无虫害、鼠害。为以防万一，将袋子悬挂保存也可。在贮藏期间，要定期检查翻动，出现问题及时处理。

（2）低温贮藏

需要长期保存的扁桃核果就必须有低温的贮藏环境，对于贮藏量小的，可将核果密封装入聚乙烯袋中，然后放在0~5℃的冰箱或冰柜中保存。对于贮藏量大的，可用麻袋装好放入0~1℃的低温冷库中保存。

（3）气调贮藏

该方法可长期保存扁桃核果，将扁桃果核置于相对湿度在55%~65%，氧气浓度在0.5%以下，温度0~1℃的气调库中贮藏，效果最好。而且气调贮藏的贮藏期长，能充分保持桃仁的风味，且不破坏其营养成分，保证了较高的商品品质。

采用薄膜贮藏法，原理类似气调贮藏，是将扁桃核果放入封闭的薄膜内，然后抽出其中的空气，再通入二氧化碳或氮气，用吸湿剂控制里面的相对湿度，再整体控制环境温度等因素，即可达到贮藏保鲜的目的。

三、加工及利用

扁桃剥壳后，经包装直接出售，也有经漂白带壳出售。也可加工成盐炒（烤）桃仁、粘糖桃仁等出售。过小扁桃仁或剥壳时受伤仁运至巧克力糖果厂或糕点厂，作辅料加工成各种糖果糕点。

（一）食用

扁桃具有极高的营养价值，其各项指标都为干果中的佼佼者。长期食用对人体健康有着十分重要的作用，可以延缓人体衰老，补充人体必需的各种微量元素和维生素。在国外，19世纪的西班牙、意大利等国视扁桃仁为贵族食品，随着社会进步，现在扁桃已逐渐成为大众的营养佳品。人们对扁桃的食用量非常大，有些地区甚至在扁桃胚刚刚出现就开始食用了，可见食用扁桃有着莫大益处。

（二）药用

扁桃仁中的扁桃精是医药业的重要原料，医学研究和临床实践证明，扁桃仁具有明目、健脑、健胃及助消化功能，可用于防治各种疾病。尤其在医治肺炎、支气管炎等呼吸道疾患上疗效卓著。研究表明，扁桃仁中所含的单不饱和脂肪酸有助于降低血液中低密度脂蛋白（坏胆固醇）含量，可减少心脏病发作的危险。扁桃油具有消炎止痛作用，对痤疮、皮炎等皮肤病有很好疗效。从苦扁桃仁中提取的苦杏仁苷不但可以制成镇静剂和止疼剂，还能用来防治流行性感冒、高血脂、冠心病，并且具有较好的防癌和治疗癌症功效。在美国，医院常用扁桃粉做病餐，配合治疗糖尿病、儿童癫痫、胃病等。

（三）工业

扁桃油被广泛用做化妆品生产原料和工业用油和防锈油，还可用于制造雪花膏、香水、肥皂、香波和洗涤液。扁桃果壳在工业中被广泛用做缓冲剂，果皮中含钾，因而可用来制作钾肥、肥皂和精饲料。扁桃木材质坚硬，伸缩性好，抗击力强。颜色浅红色，纹理细致，磨光性好，可制作各种细木工家具和高档器具。树干和果实分泌的树胶，可作纺织品印染和制作胶水的原料。

（四）观赏

扁桃树干粗壮生长量大、叶型大而美观、树冠开张、开花较早，花气浓香，花色艳丽，有白色、粉红色和紫色，有些品种还有彩叶、垂枝等特点，可以美化环境，具有较高的观赏价值。

（五）环境保护

扁桃属速生树种，年生长量是其他果木的 $1 \sim 2$ 倍，其寿命长、虫害少、根系发达、抗逆性强，固结土壤，可作为水土保持树种、防护林和行道树。又可作为园林绿化树种净化空气、美化环境，是很好的城乡园林绿化树种。也可在荒山绿化、水土保持、荒漠化治理中发挥其很好的作用，是退耕还林、恢复植被、改善生态环境的首选树种。

（六）加工

扁桃仁可以加入到各种食品中，如装饰糕点，生产杏仁糖果，也可磨成粉，加到冰淇淋等冷冻食品中，有独特的风味；还可制作各种扁桃乳饮料、扁桃黄油等。不仅如此，扁桃仁在炼油后剩下的副产品还可作为其他用途，如种皮和果皮常作为动物的饲料添加剂，果皮发酵后还可生产出酒精等产品。

参考文献

陈健. 2004. 防治桃蚜发生的几种方法[J]. 河北果树. (5)：38 - 39.

陈晓流, 束怀瑞, 陈学森. 2004. 核果类果树自交不亲和性研究进展[J]. 植物学通报. (6)：755 - 764.

成健红, 马木提, 张华亭, 等. 2000. 巴旦木的产业发展及其研究进展[J]. 干旱区研究, (1)：32 - 38.

成健红, 谭敦炎, 艾尔肯, 等. 2006. 巴旦杏花物候学与形态学研究[J]. 西北植物学报. (2)：39 - 34.

楚燕杰, 李秀英, 王军. 2002. 扁桃砧木选择试验[J]. 河北果树, (3)：3.

方海涛, 红雨, 那仁, 等. 2007. 珍稀濒危植物蒙古扁桃花生物学特性[J]. 广西植物, (2)：167 - 169.

冯义彬. 2001. 扁桃高效栽培与加工利用[M]. 北京：中国农业出版社.

高启明, 李疆, 罗淑萍. 2007. 扁桃幼果发育的形态解剖的学研究[J]. 西北植物学报, (3)：55 - 59.

郭春会, 罗梦, 马玉华, 等. 2005. 沙地濒危植物长柄扁桃特性研究进展[J]. 西北农林科技大学学报, (12)：125 - 129.

郭春会, 梅立新, 张檀, 等. 2001. 扁桃的园艺技术[M]北京：中国标准出版社.

郭春会, 梅立新. 2001. 扁桃园的营建[J]. 西北园艺, (5)：15 - 16.

韩玉虎, 田歌, 籍艺文, 等. 2013. 晋扁系列扁桃新品种选育及开发应用前景[J]. 山西农业科学, 5：418 - 421.

何明忠, 秋珍, 程明. 2003. 桃缩叶病的发生规律与防治方法[J]. 福建果树, (2)：59 - 60.

姜远茂, 彭福田, 巨晓棠. 2002. 果树施肥新技术[M]. 北京：中国农业出版社.

景士西. 2000. 园艺植物育种学总论[M]. 北京：中国农业出版社.

康天兰, 李国梁, 吴震. 2002. 果园覆膜预防扁桃抽条和促进开花坐果试验[J].

山西果树，（4）：8 – 9.

李斌，刘立强，罗淑萍，等．2012. 低温胁迫对扁桃花芽抗寒性的影响［J］. 新疆农业大学学报，35（1）：13 – 17.

李光晨．1995. 果树旱作与节水栽培［M］. 北京：中国农业出版社.

李疆，胡芳名，张智俊，等．2003. 扁桃主要生物学特性的观测［J］. 经济林研究，3：39 – 40.

李疆，胡芳名．2002. 扁桃的栽培及研究概况［J］. 果树学报，（5）：346 – 350.

李疆，李文胜，成健红．1998. 新疆扁桃生产的现状及发展对策［J］. 经济林研究，（3）：58 – 59.

李疆，曾斌，罗淑萍，等．2006. 我国野扁桃资源的保护及引种繁育［J］. 新农业科学，（1）：61 – 62.

李莉，等．2003. 无公害果品生产技术手册［M］. 北京：中国农业出版社.

李林光，等．2001. 美国扁桃的整形修剪技术［J］. 落叶果树，（3）：59 – 60.

李林光，樊圣华，苟尚伟．2001，美国加利福尼亚州扁桃产业发展概况与前景展望［J］. 干果研究进展，（2）：19 – 21.

李林光，王长贵，王国宾．2000. 美国扁桃的栽植（建园）技术［J］. 落叶果树，（4）：58 – 59.

李林光．2000. 美国扁桃出口状况［J］. 落叶果树，（5）：57 – 58.

李鹏，罗淑萍，田嘉，等．2015. 低湿冻害对扁桃花蕾抗寒机制的影响［J］. 经济林研究，33（2）：20 – 25.

李胜，李唯，杨德龙，等．2004. 扁桃花粉活力的测定及其提高坐果率研究［J］. 果树学报，（1）：79 – 81.

李松涛．2002. 美国大杏仁的产品加工［J］. 山西果树，（3）：53.

李文胜，陈健红，艾尔肯，等．2000. 扁桃坐果率低的原因调查与分析［J］. 落叶果树，（4）：16 – 17.

李云．2001. 林果花菜组织培养快速育苗技术［M］. 北京：中国林业出版社.

刘清民，苏由民，兰萍，等．2002. 新疆扁桃引入辽宁抚顺［J］. 落叶果树，（1）：29 – 31.

刘生龙，刘克彪，高志海．1989. 蒙古扁桃引种试验［J］. 甘肃林业科技，（2）：35 – 38.

罗树伟，郭春会，张国庆．2009. 神木与杨凌地区长柄扁桃光合与生物学特性比较［J］. 干旱地区农业研究，5：196 – 202.

骆建霞，孙建设．2002．园艺植物科学研究导论［M］．北京：中国农业出版社．

马瑞娟，俞明亮，杜平，等．2004．桃流胶病研究进展［J］．果树学报，（4）：3－5．

马秀丽．2004．美国扁桃引种及栽培技术［J］．农业科技与信息（9）：6－7．

毛娟，赵长增，赵丽娟，等．2005．扁桃基因组 DNA 提取及 RAPD 扩增体系的建立［J］．甘肃农业大学学报，（1）：10－12．

梅立新，刘文倩，魏巧，等．2014．中国扁桃资源与利用价值分析［J］．西北林学院学报，1：69－70．

苏贵兴，姚玉卿．1983．国外引进的扁桃品种简介［J］．中国果树，（4）：11－12．

孙秀梅，等．2001．农业生物技术［M］．北京：中国农业出版社．

唐德志．2004．美国扁桃品种病害发生情况调查［J］．中国果树，（4）：49－51．

王慧强，王建中．2005．世界扁桃贸易和消费现状［J］．经济林研究，（1）：95－96．

王克仁，任博，王积春，等．2010．龙首山蒙古扁桃灌丛生物学特性及其保护［J］．甘肃科技，10：155－157．

王琳，姜喜，李志军．2013．中国扁桃种质资源研究进展［J］．北方园艺，20：178－181．

王森，杜红岩，杨绍彬．2006．美国扁桃品种 All-in-onegenetic semi-dwarf 引种试验［J］．山西果树，（1）：8－9．

王慎喜，呼丽萍，张志恩，等．2002．适宜天水市的美国大杏仁品种及栽培技术［J］．甘肃农业科技，（7）：25－26．

王慎喜，马天慧．2004．美国品种皮利斯在甘肃天水的表现［J］．中国果树，（2）：54－55．

王慎喜．2002．美国优良品种介绍［J］．甘肃林业科技，（10）：31－32．

王慎喜．2003．美国扁桃优良品种蒙特瑞的特征特性及栽培技术［J］．甘肃农业科技，（12）：26－27．

王慎喜．2004．美国品种派锥在甘肃天水的表现［J］．中国果树，（5）：55．

王慎喜．2006．普瑞斯扁桃在甘肃天水的表现［J］．西北园艺，（12）：28－29．

王田利．2004．如何克服扁桃结果部位外移［J］．烟台果树，（1）：50－51．

王有科，席万鹏，郁松林，等．2006．引种扁桃抗寒力及冻害成因分析［J］．干旱地区农业研究，（5）：126－129．

王跃进，杨晓盆．2002．北方果树整形修剪与异常树改造［M］．北京：中国农业出版社．

乌云塔娜，包文泉，左丝雨．2014．内蒙古野生长柄扁桃优良单株果核性状的遗传变异分析[J]．经济林研究，4：18－22．

吴恩岐，王怡青，斯琴巴特尔．2007．长柄扁桃根系水分共享特性[J]．内蒙古师范大学学报，(2)：199－204．

吴燕民，曹孜义，武延安，等．1996．扁桃研究新进展[J]．甘肃农业大学学报，(1)86－92．

郗荣庭，刘孟军．2005．中国干果[M]．北京：中国林业出版社．

郗荣庭．2000．果树栽培学总论(第三版)[M]．北京：中国农业出版社．

席万鹏，王有科．2006．扁桃甘肃适宜栽培区的灰色区划研究[J]．西北林学院学报，(1)：93－95．

夏国海．2001．优质高档扁桃生产技术[M]．郑州：中国农民出版社．

徐光辉．2004．桃树炭病的发生特点及防治技术[J]．安徽农业，(9)：23．

徐叶挺，李疆，罗淑萍，等．2008．低温胁迫下致生巴旦杏抗寒生理指标的测定[J]．新疆农业大学学报，31(4)：1－4．

严子柱，李爱德，李德禄，等．2007．珍稀濒危保护植物蒙古扁桃的生长特性研究[J]．西北植物学报，(3)：26－628．

杨万宁，沈振荣，徐秀梅．2009．宁夏干旱荒漠带造林新树种——蒙古扁桃繁育造林技术[J]．宁夏农林科技，(5)：11－12．

于继洲，高美英，秦国新，等．2002．扁桃栽培现状及关键技术[J]．山西果树，(1)：21－22．

俞德浚．1979．中国果树分类学[M]．北京：中国农业出版社．

张凤云，王国礼，张和平，等．1997．扁桃种仁化学成分研究[J]．西北农业学报，(3)：82－84．

张建成，屈红征．2004．扁桃的栽培利用及其发展前景[J]．河北果树，(1)：4－5．

张建国，王森．2002．扁桃的栽培利用及其开发[J]．经济林研究，(1)：36－38．

张开春．2004．果树育苗手册[M]．北京：中国农业出版社．

张宁波，饶景萍，郭春会．2004．扁桃种仁保藏的关键技术研究[J]．陕西农业科学，(5)：116－118．

张宁波，饶景萍，郭春会．2005．薄膜包装对冷藏扁桃仁主要营养成分的影响

［J］. 果树学报，（4），402 - 404.

张文越，刘福权，马玉敏，等. 2002. 意大利扁桃及其良种栽培技术［J］. 山东林业科技，（2）：31 - 33.

张文越，史作安，赵勇. 2002. 扁桃特性及其丰产栽培技术［J］. 河北林果研究，（4）：337 - 339.

张永威，王建友，韩宏伟. 2006. 巴旦杏落花落果的成因及对策［J］. 新疆农业科技（2）：23 - 24.

章镇，王秀峰，等. 2003. 园艺学总论［M］. 北京：中国农业出版社.

钟海霞，卢春生，罗淑萍，等. 2016. 新疆野扁桃休眠枝条和花芽的抗寒试验研究［J］. 新疆农业科学，53（1）：120 - 125.

周志成，王慎喜，谭维军，等. 2003. 天水市高海拔山地提高美国扁桃栽植成活率的技术研究［J］. 甘肃农业科技，（11）：30 - 31.

朱京琳. 1984. 新疆巴旦木［M］. 乌鲁木齐：新疆人民出版社.

朱清芳，红雨，杜巧珍. 2011. 不同海拔蒙古扁桃开花动态与繁育系统的比较研究［J］. 内蒙古师范大学学报（自然科学汉文版），5：512 - 517.

左丝雨，乌云塔娜，朱绪春，等. 2015. 濒危野生长柄扁桃叶片表型性状的多样性［J］，中南林业科技大学学报，11：61 - 67.

附录　扁桃栽培管理周年历

2 月下旬至 3 月中旬

萌芽前期及萌芽期主要工作：整树盘、补施基肥、灌水、果园种草、防病虫。

整树盘：解冻后及时刨树盘，以疏松土壤。

补施基肥：对上年秋季末，2 年生以上扁桃补施基肥。

灌水：修整树盘及排灌设施后，灌解冻水（视土壤墒情而定）。

防治病虫：萌芽前（花芽幼叶似开裂，但又未开裂）喷 3～5 波美度的石硫合剂，防治细菌性穿孔病、缩果病、炭疽病和红蜘蛛等病虫害。有介壳虫危害的扁桃园，可于此时用钢丝刷除附着在枝干上的介壳虫，或酌情喷 5% 的柴油乳剂。

3 月下旬至 4 月下旬

花期主要工作：花前追肥、提高坐果率、病虫害防治、叶面肥。

花前追肥：成龄树（5 年生以上扁桃）发芽前后可适当追肥弥补树体营养不足，以速效氮肥为好，适当增加钾肥比例，用量依树龄、结果量而定。按每亩、每次 10～15 千克进行追肥。

提高坐果率：根据天气预报，在可能出现晚霜冻前，采用熏烟、灌水法改善果园小气候，于盛花期放蜂传粉和喷 0.1% 的硼酸液，促进坐果。

防治病虫：①开花前（大蕾期）喷阿维菌素 2000 倍液，以杀死蚜虫和红蜘蛛。②金龟子危害严重的果园可挂糖醋液，或于萌芽前喷 50% 辛硫磷乳剂 1000 倍液，或 50% 马拉硫磷乳剂 1000 倍液。若药剂对金龟子杀伤不力，可根据金龟子的假死现象，于晚上或凌晨及时振树捕杀，防止扁桃叶芽和花芽被食过重而造成坐果极少和畸形果等现象。具体方法：树下铺一方形厚塑料薄膜，摇树振落金龟子，掀起塑料膜将其倒入容器中杀死。③在吉丁虫危害处涂辛硫磷煤油乳剂防治吉丁虫。④细菌性穿孔病喷 600～800 倍多菌灵或 0.3 波美度石硫合剂防治。⑤3 月下旬在果园中挂性引诱器，每两周更换一次药芯，若 4 月下旬捕得大量蛾子，则在 5 月同时用药兼防桃枝螟及脐橙蛾。

叶面喷肥：①沙地扁桃园易缺硼，出现枝条顶枯和果实畸形现象，花期喷 0.2%～0.3% 的硼砂或硼酸可解决。②谢花后 7～10 天，用 2.5% 蚜虱净 2000 倍液防治蚜虫。③在即将展叶时喷施 2%～3% 的硫酸锌溶液防治小叶病。④从 4 月起，每隔 15 天喷一次叶面肥，以尿素、磷酸二氢钾的 0.2%～0.3% 溶液为宜。

夏剪：4 月中下旬，当成龄树抽梢 3～5 厘米长时疏除丛生枝及病虫枝，幼树抹掉徒长芽，留位置好的芽，以培养结果枝组，并将砧木上萌发的芽全抹掉。

5 月

新梢速长期主要工作：疏果、夏剪、病虫害防治、追肥。

疏果：5 月初，疏除并生果，畸形果，小果，病虫果，留果要有余地，安全系数为 20%～30%。

夏剪：5 月中旬，新梢长至 15 厘米左右时，适当摘心促进枝条粗壮。此时还可撑拉枝条，开张角度。对主枝背上过旺徒长枝条密挤处要疏除，有空间的地方及时摘心促发侧枝，一般长至 20 厘米时进行，培养枝组。5 月下旬，对当年定植幼树，新梢选留 3～4 个方向好的，其余摘心。

病虫防治：①防治桃蛀螟、红蜘蛛等虫害：用吡虫啉 2500 倍液加 1500 倍尼索朗喷叶片进行防治；发现萎蔫枝梢，应立即剪除烧掉。②防治梨小食心虫、桃潜叶蛾等：喷灭幼脲 3 号 1000～2000 倍液加 1.8% 的阿维虫清 3000 倍液。③流胶病的防治：0.2% 龙胆紫药水刮除皮后涂抹。

追肥：5 月中旬果实进入膨大期，应及时追肥（按照结果量和树龄不同进行施肥，穴施或放射状施肥，3~5 年生树 100 克/株，5 年生以上树 300 克/株），肥料以复合肥为主，注意施用含钾、钙、锌、硼等元素的复合肥，如遇干旱，适时松土除草或适当浇水保持果实正常发育。

6 月

果实膨大期主要工作：防病虫、覆草。

防治病虫：红蜘蛛 4~5 头/叶时，应及时喷药，可用 0.3 波美度石硫合剂加 1500 倍中性洗衣粉或扫螨净。于 6 月底喷 2000 倍 2.5% 敌百虫或 200 倍 30% 桃小灵乳油，间隔 15 天再喷一次以防治桃小食心虫、桃一点叶蝉等害虫。

覆草或割草：6 月中旬麦收后，进行果园覆草，能抑制杂草生长、减少水分蒸发、提高土壤湿度，厚度 20 厘米，覆草前果园撒施尿素 10 千克/亩。

7 月

花芽分化期主要工作：肥水管理、夏剪、病虫防治。

肥水管理：7 月施肥直接影响到花芽分化的好坏，所以应多加重视，有必要时可进行叶面喷肥（方法及喷施数量见 4 月管理）。幼树施速效氮肥为主，以迅速扩大树冠。由于水分过大易引起落果、裂果和果实品质下降，所以雨季应注意排水。

夏前：修剪以疏为主，疏背上旺枝，有空间的地方可适当选留部分旺枝进行拿枝或摘心，对旺枝上次摘心发出的副梢留 1~2 个，其余皆短截，解决通风透光。

病虫防治：红蜘蛛为害严重时，用 200~300 倍螨死净等溶液防治红蜘蛛。用 80% 代森锌 600~800 液防治褐腐病、果腐病，7 月中旬再喷一次 1000 倍 70% 甲基托布津溶液防细菌性穿孔病。

8 月上旬至 9 月下旬

果实成熟采收期主要工作：防病虫、采收、贮藏、修剪、保叶。

防病虫：8 月初注意第二代桃小食心虫的防治，喷 2.5% 敌百虫 200 倍液或 30% 桃小灵乳油 200 倍液或类除虫菊酯。8 月初开始，喷施代森锌 600 倍液 2~3 次，防治穿孔病、斑点病等。

采收

（1）采收期　应在树冠内膛的果实裂开后再开始采收。过早采收，果实不易脱落，采收过晚，易遭鸟类危害，特别一些纸壳类品种因鸟害损失甚大。且会因雨或空气湿度大，使核壳发黑，甚至发霉。

（2）采收方法　①人工采收可以根据地形和树冠大小决定，平地和小树冠可以人工采摘；山坡地和大树冠，采用人工打落法，即棒击法。②机械采收用摇动机、捡拾机及运输机等设备。注意，采收前最后一次灌水应在采收前半月进行，否则灌水时间短，树皮含水量高，机械震动时夹子容易损伤树皮。

（3）果实处理　采收、去皮后的核果宜立即进行晒干或烘干。烘干时，开始用比较低的温度（约 43℃ 或略低），如果核果已经部分干燥，也可使用较高的温度。干燥时间宜迅速，否则会使果壳颜色变暗，影响美观。扁桃核果带壳出售，果壳应乳白色而有光泽，如果壳色不亮，可用次氯酸钠漂白。

（4）果实分级　分级主要以扁桃仁的大小、完整情况、饱满程度、划破率等为根据（表 1）。

表 1　扁桃仁分级标准　%

级别	全果仁率	苦果仁率	大小不一率	双果仁率	缺口和划破	含异物	含尘埃	仁破裂	瘪仁率	异色仁	其他
特等	99	0	5	5	5	0.2	0.1	1	3	1.5	
一等	99	0	5	15	10	0.2	0.1	1	3	1.5	
二等	95	0	5	15	20	0.2	0.1	5	4	2	
三等	85	0	5	20	20	0.2	0.1	15	5	2	

贮藏：①普通室内贮藏法：即将晾干的扁桃核果，装入布袋或麻袋中，放在通风、干燥的室内贮藏，或装入筐内堆放在阴凉、干燥、通风、无鼠害、无虫害的地方，并经常上下翻动检查。②低温贮藏法：长期贮存的扁桃核果应有低温条件，如果贮量不多，可将核果封入聚乙烯袋中贮存在 0~5℃ 的冰箱中，可保存 2 年以上；大量贮存可用麻袋包装，贮存在 0~1℃ 的低温冷库中，效果更好。无冷库的地方，也可用塑料薄密封贮藏。③气调库贮藏法：长期贮存的扁桃核果最好有气调库。气调库要求相对湿度在 65% 以下，氧气浓度在 0.5% 以下，温度 0~1℃。这种方法贮藏期长，病虫害轻，商品率高，有利于保持果实品质。无气调库的可利用低温冷库加塑料大棚贮藏。④为了防止贮藏过程中发生鼠害和虫害，可用溴甲烷（45~56 克/米^3）熏蒸库房 3.5~10 小时，用二硫化碳（40.5 克/米^3）密封库房 18~24 小时，有明显除虫效果。

修剪：9 月下旬至 10 月上旬，对未停止生长的枝条全部摘心，剪去幼嫩部分，使枝条变充实。在主侧枝新梢停止生长时拉枝，用于改善光照使树体变充实。

10 月上旬至 12 月中旬

采后期主要工作：施基肥、防病虫、冻水。

施基肥：10 月上中旬，在树冠外围投影下，挖穴或开沟，施腐熟的有机肥，以每 0.5 千克果施 1 千克有机肥计算，同时配施磷酸二氢钾 100 克/株。施有机肥幼树采用环状沟施，沟深 40 厘米左右，成龄树采用放射状沟，沟深 40~60 厘米。

防病虫：10 月中下旬，喷布 800 倍液大生 M-45、400~600 倍液多菌灵，防治穿孔病、斑点病等，3 年生以下幼树注意防治大青叶蝉，10 月上旬开始喷吡虫啉 1500~2000 倍液。

12 月下旬至翌年 2 月下旬

休眠期主要工作：清理果园、灌水，树干涂白，冬季修剪。

清园：12月下旬开始清理园内及周边的杂草、落叶、病枝等集中于园外烧掉或深埋。

树干涂白：树干涂白后可减少冻害、霜害和防治病虫害的作用。

防治流胶病：清理胶状物后用升汞水消毒伤口，再涂石硫合剂或沥青保护。

整形修剪

（1）整形　扁桃喜光，干性较强，整形时可根据栽培密度分别选择树型。①亩栽56株左右的可采用三主枝自然开心形：即在主干上选留生长均衡、方向好、角度为50°左右、错落着生的三个大主枝。②亩栽83~111株的选自由纺锤形：即树体有一个中心干，中心干上呈螺旋状着生10~15个主枝，并采取拉枝或撑枝开张角度，使其尽量和主干保持70°~90°夹角；主枝上不留侧枝，直接着生结果枝组；随着树龄增加和树势的稳定，要及时落头开心，以改善内膛光照。

（2）修剪　原则是以疏剪为主，适当短截，保留较多的中短果枝。①幼树、初果树时期：主要任务是快速成型，培养合理的树体结构，并尽早结果。幼树在休眠期时通过短截修剪，促发旺枝培养成各级骨架，疏除过密枝，保留甩放辅养枝，使其转化成结果枝组；初果树轻剪多留花芽，用先短截后疏剪的办法培养结果枝组。夏季修剪主要通过摘心促发新梢，加快骨干和枝组形成，利用拿枝、拉枝促进花芽形成。②成龄树、盛果期：树体结构已经稳定，休眠期修剪主要是疏除密集枝和竞争枝，保证通风透光。适当短截培养健壮的结果枝组，使其紧靠主干，分布均匀。生长期修剪主要是疏枝和摘心，改善光照，培养新枝组。若整个树体四周均匀分布有10~25厘米的新梢，表明树体生长势良好。③衰老树：主要任务是更新复壮，尽量维持树体有较高的产量。对骨干枝采用重回缩法，若骨干枝背上有徒长枝或发育枝，可利用其优势作延长头，原延长头可视作一个背下枝组处理。树冠内膛的徒长枝要充分利用，以尽快培养出新的结果枝组。老结果枝要及时更新。

备药：2月熬制石硫合剂。

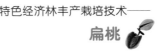

扁桃园

扁桃单株

扁桃

扁桃

扁桃间作

审定良种

扁桃花

扁桃结果状

扁桃流胶

采收

单枝结果数

成熟果实

扁桃干果

果实饱满

扁桃果仁

技术培训

专家指导